优于行，雅于心

舒雅 / 著

中国华侨出版社
北京

图书在版编目（CIP）数据

优于行，雅于心 / 舒雅著 .—北京：中国华侨出版社，2021.10
　ISBN 978-7-5113-8082-1

　Ⅰ.①优… Ⅱ.①舒… Ⅲ.①女性—修养—通俗读物
Ⅳ.① B825.5-49

中国版本图书馆 CIP 数据核字（2019）第 252014 号

优于行，雅于心

著　　者 / 舒　雅
责任编辑 / 王　委
经　　销 / 新华书店
开　　本 / 670 毫米 ×960 毫米　1/16　印张 /15　字数 /146 千字
印　　刷 / 大厂回族自治县德诚印务有限公司
版　　次 / 2022 年 2 月第 1 版第 2 次印刷
书　　号 / ISBN 978-7-5113-8082-1
定　　价 / 42.00 元

中国华侨出版社　北京市朝阳区西坝河东里 77 号楼底商 5 号　邮编：100028
编辑部：（010）64443056　　64443979
发行部：（010）64443051　　传真：（010）64439708
网　址：www.oveaschin.com　　E-mail：oveaschin@sina.com

前言

在所有形容女性之美的词语中，最喜欢"优雅"二字。

青春是最美的年华，但青春易逝。漂亮的皮囊也会随着岁月的流逝而慢慢老去，失去光彩，但优雅的气质会在岁月的历练与沉淀中历久弥香。所以，奥黛丽·赫本将优雅诠释为"唯一不会褪色的美"，优雅为女性的美丽无限加持，使其恒久绵长。

优雅是一种自我要求和约束，它与容貌漂亮与否无关，平凡的脸庞一样可以拥有优雅高贵的气质；优雅也并非扭捏作态，强装斯文，而是内在涵养的自然流露，一个微笑、一个眼神、一个动作、一句话语，眉眼间，举手投足间，显现的是优美的姿态，更是良好的教养与风度；真正的优雅体现的是内心的淡定与从容，是喧嚣尘世中不浮不躁的云淡风轻，是细碎生活中不怨不怒的平和安宁，是漫漫岁月中不忧不惧的潇洒坦然。

很多时候，我们会认为，优雅为的是吸引他人的目光，让自己受到周围人的欣赏和欢迎。其实，修炼优雅的气质更多的是一种自我选择，一种完善自我的生活态度，活出优雅，不是为了取悦任何人，而应该是为了更好地悦纳自己。让优雅成为习惯，在年华老去时依然魅力依旧，在世情变迁中始终从容不迫，在平凡生活中不失美好趣味，这样的自己不正是我们都在渴望活成的模样吗？

优雅的气质并非天然而生，更多源自后天的修炼与沉淀。本书从淡然内心、气质行为、优化口才三个方面出发，与渴望变得优雅的女性朋友分享外修于行、内修于心的智慧。从中，你会了解到如何改善心态，拥有淡定从容的气度；会知道如何穿衣打扮，以及怎样的仪态举止和职场礼仪更得体；也会懂得更多与人相交、沟通的好方法。

修炼优雅并非一日而成，愿每个女人能在时间和经历的慢慢积累中，与更优雅的自己相遇。

目 录

上篇 修心篇
——无忧无惧，云淡风轻

PART 1　不浮不躁，成就云淡风轻的优雅

001 … 心淡如水，不以物喜，不以己悲 / 003

002 … 心宽如海，不求速度，但求从容 / 007

003 … 在舍与得之间，心态平和 / 011

004 … 明理通达，淡然是气定神闲的智慧 / 015

005 … 将苦难沉淀，成就云淡风轻的优雅 / 018

PART 2　不怨不怒，在琐碎中相遇美好

001 … 不必惊艳，平凡脸庞同样可以绽放魅力 / 023

002 … 将生活烹调出美妙滋味 / 027

003 … 生活的好坏取决于你看待它的目光 / 030

004 … 分得出轻重缓急，别为小事抓狂 / 034

005 … 抱怨是没头脑的宣泄方式 / 039

006 … 并非所有故事都有美丽的结局 / 041

PART 3　不忧不惧，于岁月中恒久纯真

001 ··· 爱握得越紧，越容易失去 / 043

002 ··· 真正有内涵的女人，不选择媚俗 / 048

003 ··· 何必患得患失，终日萦挂于怀 / 051

004 ··· 诱惑前保持淡然，岁月中恒久纯真 / 055

005 ··· 释怀，是对过往最好的交代 / 059

006 ··· 总有一些人，注定只是生命的过客 / 062

中篇　修型篇
——秀外慧中，气质如兰

PART 1　形象优雅，穿衣打扮尽显知性美

001 ··· 女性如何穿衣不失礼 / 069

002 ··· 学点颜色搭配，找到自己的服饰主色调 / 072

003 ··· 不再单一古板的职业工装 / 075

004 ··· 画龙点睛的小心机——配饰 / 077

005 ··· 职场女性的整洁妆容如何打造 / 080

006 ··· 职场女性的化妆礼仪有哪些 / 082

PART 2　仪态端庄，举手投足间绽放美丽光芒

001 ··· 坐姿优雅，散发魅力 / 086

002 ··· 行姿优美，风度翩翩 / 089

003 ··· 使用恰当手势为表情达意加分 / 093

004 … 眼神交流，不胆怯不冒犯 / 095

005 … 发挥笑容悦人悦己的正能量 / 097

PART 3　有礼有节，职场礼仪彰显个人涵养

001 … 好礼仪让见面有个良好开端 / 100

002 … 握手礼仪，简约而不简单 / 102

003 … 别让自我介绍失掉分寸 / 106

004 … 职场接待前做好准备工作 / 108

005 … 职场接待礼节有哪些 / 111

006 … 职场拜访从细节取胜 / 114

007 … 成功拜访客户的准备与技巧 / 118

008 … 迎送工作的方法与禁忌 / 122

009 … 小小乘车，座次大有学问 / 125

010 … 掌握基本的涉外礼仪 / 130

PART 4　真诚社交，赢得他人发自内心的喜欢

001 … 凭借自身能力赢得他人口碑 / 134

002 … 想要他人接纳，先热情接纳他人 / 136

003 … 改掉张口就"否定"的习惯 / 138

004 … 职场小细节看出你的好修养 / 141

005 … 共同愿景是合作最好的激励 / 143

006 … 问题走进死胡同，也许是意图没搞懂 / 145

007 … 客套话别说太多 / 148

008 … 先否定后肯定，调动情绪很有效 / 150

009 ⋯ 换位思考，善意分享 / 152
010 ⋯ 近则拒远则疏，与他人保持刚刚好的距离 / 155

下篇 修语篇
——口吐莲花，悦人悦己

PART 1　言之有度，把握表达与沉默的分寸

001 ⋯ 关键时刻有态度 / 161
002 ⋯ 恰到好处地保持沉默 / 164
003 ⋯ 果断拒绝自己不喜欢的人和事 / 167
004 ⋯ 倾听的姿态让女性更显温婉 / 169
005 ⋯ 别用唱反调表明自己的与众不同 / 171

PART 2　言之有趣，幽默是最佳的沟通语言

001 ⋯ 打造有魅力的声音 / 173
002 ⋯ 声音没有情感，如同人失去生命 / 176
003 ⋯ 用玩笑话创造轻松氛围 / 178
004 ⋯ 谈吐幽默的女人最有魅力 / 181
005 ⋯ 幽默的谈吐与才智相连 / 183

PART 3　言之有兴，积极沟通不冷场

001 ⋯ 第一次见面交谈，说个创意开场白 / 187
002 ⋯ 沟通中的"废话"不可少 / 190
003 ⋯ 留意自己说话的语气 / 192

004 ⋯ 不了解对方时，热点话题更安全 / 195
005 ⋯ 在适当时刻引出新话题，避免冷场 / 198
006 ⋯ 为尴尬的人搭个台阶 / 202
007 ⋯ 真诚赞美，杜绝不走心 / 205

PART 4　言之有味，"坏"话好说并不难

001 ⋯ 甜美的微笑是女性的撒手锏 / 208
002 ⋯ 安慰在于表达支持 / 212
003 ⋯ 看破不说破，留给对方自省的空间 / 215
004 ⋯ 含蓄得体胜于口若悬河 / 217
005 ⋯ 报告职场坏消息 / 221
006 ⋯ 如何说出动听逐客令 / 225

上篇 修心篇
——无忧无惧,云淡风轻

PART 1
不浮不躁，成就云淡风轻的优雅

> 这个世界给了人太多的浮华、虚荣、诱惑和曲折，许多女人为一时的光鲜所累，在悲伤和痛苦中挣扎，埋怨生活和命运的不公。若要求得心灵的解脱，重新面对生活赋予的缤纷色彩，就要学会淡然。学会淡然，方能心境开阔，处之泰然。

001 心淡如水，不以物喜，不以己悲

曾经很喜欢"心如止水"这个词。每当经历内心的痛苦与悲伤，就会反复提醒自己不要纠缠，不要太在乎。但还是免不了在触景生情的时候心怀不甘，觉得命运亏欠自己太多。而这份心情，总要随着时间的流逝才能渐渐变得模糊不清，只剩下那些伤痕，一道道地刻在记忆里。才明白，这普普通通的四个字，并不是那么容易做到的。

很羡慕有些人，可以镇定地面对命运带来的诸多曲折坎坷，不

在意周围的人有怎样的幸运和财富，只是执着于自己脚下的路，做好自己应该做的每一件小事，不在乎结果是否符合自己的预期。虽然看似平淡，一路上却风光无限。工作、感情、生活，每个方面都可以经营得有声有色。即使在旁人看来并不够富足，却可以保持平和。

不以物喜，不以己悲。得意时，不必奔走相告，彻夜狂欢；失意时，也不必寻死觅活地悲伤痛苦。这样的道理，我们都懂。然而，我们仍然疲惫。整日抱怨活着真累，失去了太多本应珍惜的，又得不到自己想要的，面对重重压力，在黑暗中彷徨失措，寻不到适当的出口。带着如此心境，想要获得救赎和解脱，近乎痴人说梦。

女人的心思向来是比较敏感和脆弱的，遇到不顺心的事情就容易胡思乱想，而且往往越想越坏，越想越离谱。原本并没有怎样严重的事情，也会在内心的恐惧中变得越来越可怕。

比如，在工作中，因为自己的方案或者报告不符合领导的喜好，而领导刚好又心情不好，于是自己被狠狠地教训了一顿。这本是很多人都会遇到的事情，耐心找出自己的问题，重新修改，总会得到认可，并不是什么过不去的坎儿。就算当时的确是因为领导的心情，将问题扩大化，也不必太过在意。做好自己的工作，才是根本。然而，对有的人，特别是自尊心比较强的女人来说，这是噩梦般的遭遇。自己辛苦努力的结果被轻易否定，是不是能力不够？是不是领导故意和自己过不去，还是彼此之间注定没办法配合默契？有了这样一个情绪化的领导，以后的日子怎么办？很多问题徘徊在脑海里，挥散不去。精力已经无法集中在当前的这份工作任务上，而会随着纷乱的思绪不断地扩大。如此一来，解决问题就变成了一项很浩大、很复杂的工程，甚至会涉及是否要继续从事这份工作。当内心的恐惧感和迷茫感加重的时候，往往容易作出错误的决定。

我们会羡慕身边的人有温婉的性格，有人见人爱的境遇，有豁达、开阔的心胸，就好像世间的事从来都不会对他造成伤害，这种对恶劣环境的免疫能力实在值得令人羡慕。假如身边有一个淡然自若的女孩，清雅得就像风中的一朵茉莉，你也许会忽然觉得，生活远比你想象中的要美好。

人生最好的境界是丰富的安静，也就是所谓淡然。保持一种淡然、安定的心态，看轻世间的纷纷扰扰，不轻浮、不烦躁、不急功近利，遇事要沉静、多思考、稳如泰山，才算是拥有了丰富的精神宝藏。

"淡"是心境。不管外表显得多么镇定自若，唯有内心真正的平和，才能使人保持淡然。每个人都有着不同的过往，经历不同，对周围事物的看法和处世方法也不尽相同，因而内心产生的情绪千姿百态。想要做到惊喜过后的沉静、成功过后的思考、被称赞过后的自省，就需要拥有一份"淡"的心境。

也曾有人觉得，一个人养成了"淡"的心境，未必是件好事。"淡"到了骨子里，凡事忍气吞声、碌碌无为，此生注定平庸。然而，这不过是对淡然的一种误解。或者说，这不过是一种消极的淡然，自然是不值得推崇的。

真正的淡然并不是消极、无为的，而是学会放过那些不切实际的目标和追求，抛弃虚妄的浮躁和幻想，明白什么样的事是切实可行的、能够通过努力实现的，而后才会付出自己全部的精力。不好高骛远，也不盲目攀比，有所为，有所不为，方能有为。生活中，我们时常会遇到说话不着边际的人或者爱做梦的人，接触得久了，只能敬而远之。如果多么宏大的理想和野心都只能是空谈，那么追求也就显得毫无意义了。所以，保持淡然的心态，才能找到真正适合自己的路。

真正的淡然也不是平庸的、无能的，相反，还可以精彩纷呈，轰轰烈烈。因为淡然的人有能力去争取自己想要的一切，他们可以按部就班地完成自己预期的目标，整个过程看似要比普通人顺利些。就像对你来说是比较辛苦才能完成的工作，对另一个人来说只要稍微认真就可以做得很好，但他并不以此为傲。拥有如此心境的人，又怎么可能是碌碌无为的呢？

泰戈尔曾说："在那里，我们最为深切地渴望的，乃是在成就之上的安宁。"淡然的心境，将让生命充满光彩。

002 心宽如海，不求速度，但求从容

我们身处一个宏大、深邃、久远的世界。在宇宙和历史的连绵不尽的时空中，每个人都犹如大海中的一滴水，微不足道。然而，正是微不足道的人们在创造和改变着这个世界。一部分站在世界前沿的人，主宰或引领着世界前进的方向，只因他们的内心可以很开阔。"海纳百川，有容乃大。"容，盛也。一个人的内心能够包容多少，他的内心世界就有多广大。如果能够随心所欲地支配这份豁达，便可以达到一种"自信人生二百年，会当击水三千里"的境界。而这种境界，即从容。

当前，我们身处一个快节奏的世界。凡事喜欢追求效率、抢时间，没有人愿意比别人慢半拍，好像一旦慢了，就会失去所有的机会和财富。所以，每个人都行走在一条狭窄而绵长的路上，眼睛紧紧盯着前方，一门心思地努力向前冲。

走路要迅速，每时每刻都是一副赶时间的样子；开车要迅速，不然塞在路上就会浪费时间；用餐要迅速，没有那么多空闲时间浪费在吃东西上；升职要迅速，才能获得比别人更好的发展前途；财富的积累要迅速，不能让生活水平和档次落在别人后面；结婚要迅

速，自己好不容易调教出来的人，不能留给别人用现成的。如此看来，世间的事，好像都是火烧眉毛、十万火急的，每个人都在与周围的人拼速度，难道速度真的可以决定一切吗？

路走得太快，会错过美丽的风景；车开得太快，容易发生意想不到的危险；食物吃得太快，对身体是一种伤害；职位升得太快，或许会陷入对权力的迷恋；财富积累得太快，可能会带来更多不安和意外；结婚太快，也许会因不够了解，而在婚后萌生后悔的情绪。任何事情都有两面性，速度并不是走向彼岸的唯一条件。很多时候，我们需要停下来，静静地思考，使原本细长、狭窄的世界变得开阔。当光明弥漫开来，照亮路旁的黑暗，你也许会在未知的领域发现惊喜，而这需要的不是速度，而是从容。

从容，意味着你需要刻意地放低自己，以一种低调、谦逊的态度面对人和事。这样，才能在遇到任何事的时候，都能坦然面对。不管是成功还是失败，不管是登至顶峰，还是跌入谷底，都不会让自己的心态失去平衡。有的人，仅仅赢得一点小小的成绩，就飘飘然起来，盲目地认为自己很有天赋、很有潜力，已经可以超越所有同类，早已将"天外有天，人外有人"的道理抛到九霄云外。内心的不断膨胀，使性格变得狂妄、自大、目中无人。渐渐地，不仅失去了继续前进的资本，也失去了真心相待的朋友。拥有一份低调与谦逊的从容态度，因为永远都给予自己足够的上升空间，永远不满足，所以才能不断地自我提升。

从容，意味着你需要抛开世间的诸多诱惑和欲望，给内心自由的空间。这样，才能明白自己想要的是什么，按部就班地走自己的路，不为那些虚妄的名利和梦想所束缚。在这个令人眼花缭乱的世界，人们期盼一夜暴富、一见钟情、一鸣惊人，时时刻刻充满紧迫感，别人得到的，自己也要拥有，如若不然就是失败。我们就像在茫茫大海里游荡的鱼，见到美味食物的诱惑，就奋不顾身，不管前方等待自己的究竟是什么，先拿到自己想要的再说。华丽的钓饵往往会让鱼儿付出生命的代价，对于我们来说，光鲜的诱惑往往也会让我们付出各种各样惨痛的代价。如果你喜爱钓鱼，如果你曾经钓过鱼，那么你是否嘲笑过傻乎乎的鱼？而当你嘲笑鱼的时候，是否又会想到现实中的自己？当我们抱怨世界太复杂、太黑暗、太离谱的时候，又可曾想过自己的心态，是不是有利于自己去面对这样一个世界。事实上，很多时候，不是这个世界欺骗了你，而是你自己欺骗了自己。心灵的自由，是一种自我解放。从那些不切实际的追求中解放出来的人，会走得更惬意、更潇洒。

从容，还意味着你需要看清自己的能力和特质，积极进取，不管遇到怎样的艰难险阻，都能够保持勇往直前的决心和信心。从容是不慌不忙、有条有理，但绝不是与世无争。"一万年太久，只争朝夕。"从容不是闲适，不是志趣，不是逃离，不是避让，不是愚顽，也不是自欺。如果你认为从容是躲在自己的世界里，避开世间的纷争，那就大错特错了。我们不仅要"争"，还要讲求策略地"争"。

永远不要用自己的短处和别人的长处"争"，也不要有勇无谋地乱争一气。如果你的英文不如别人的水平那么高，也许你的中文会比他好；如果你的中文不如他好，也许你的艺术鉴赏力会比他好；如果你的艺术鉴赏力不及他的高度，也许你的厨艺会比他强。每个人在面对别人的时候，都不会完全处于下风。只因特点不同，行业不同，生活环境不同，所以人与人之间本是没有多少可比性的。可偏偏就有很多人想不开，一定要用自己的短处与别人的长处争，想尽办法也讨不到便宜，反倒伤了自己。还有的人愿意逞匹夫之勇，明了彼此间的差距，非要硬碰硬，把自己折磨得寝食难安，却只能被当作傻瓜。其实，承认目前的差距，未尝不是一种前进的方式。只有了解自己的弱势，才有机会去改变，一味地用鸡蛋碰石头，是毫无意义的事情。保持良好的心态，扎扎实实地向前走，这份从容可以为你带来意想不到的惊喜。

"淡"是从容。想要懂得淡然，便要学会享受一份从容。"没有从容的心境，我们的一切忙碌就只是劳作，不复有创造；一切知识的追求就只是学术，不复有智慧；一切成绩就只是功利，不复有心灵的满足。"心定，方能行淡。

003 在舍与得之间，心态平和

身处世间的我们，似乎特别喜欢扮演悲情的角色。命运带来诸多坎坷，总是令我们被迫放弃所拥有的。于是，内心生出无法言说的痛苦，我们就像弄丢了心爱玩偶的孩子，觉得自己是天底下最伤心、最倒霉的人。久而久之，人生也抹上了浓烈的悲苦色彩。

常常听周围的人诉苦。有时，倾诉换来一些安慰的话语或者同情；有时，会从一个人的倾诉，演变到两个人的同病相怜。而倾诉过后呢？一切照旧。生活仍然是老样子。会有新的、相似的遭遇再出现，或者就同一件事向新的倾听对象诉苦，获得更多的抚慰和同情。除此之外，似乎不会再有任何意义。渐渐地，我们的这些负累越来越多，前进的脚步也迈得越来越艰难。我们以为自己承受了太多的伤害、无助、迷茫、痛苦，已经没有办法再继续面对阳光。然而，我们的处境真的有这样糟糕吗？

古人有"因祸得福"的说法。世事变化无常，没有任何事能够一成不变。当你遭遇灾祸或不幸的时候，也许会因了这次事故而躲过其他原本会发生的灾祸或不幸。就像那个古老的故事：老汉家的一匹马不幸走失，几天后却带回另一匹烈马。后来，老汉的儿子因骑烈马摔断了腿，却又因为断腿而躲过了兵役，避免了战祸。事件兜兜转转，几经波折，每个阶段所发生的事，都不能凭一时的结果来界定究竟是福事还是祸事。所以，对我们来说，某些看似悲惨的遭遇，事实上并不那么糟糕。无须纠缠其中，耿耿于怀。正所谓：有舍才能有得。想要获得，必须舍弃。

"舍得"是一个颇具哲学意味的词语，就像阴与阳、天与地、悲与喜，舍与得一样，是彼此既对立又统一的矛盾概念。人生充满"舍"与"得"的重复，谁能够在舍弃与获得之间保持心态平衡，谁就可以达到淡然、超脱的境界。

"淡"是舍得。如果在舍弃与获得时，都能够淡然一笑、平和面对，就不会背负功名利禄的压力，也不会纠缠于曲折坎坷带来的伤痛中，可以游刃有余地游走世间，给自己一份轻松、恬淡的生活。人生中重要的并不是"得不到"和"已失去"，舍掉陈旧不堪的执念，放下不切实际的虚妄之想，才能得到新的观念、新的思维，才能比别人前行得更快、更远。而在得到时，也无须得意忘形，如果误以为已经收获了自己想要的，便可以高枕无忧，那么接下来将要面对的不仅是停滞不前，还会节节败退，就像龟兔赛跑中那只骄傲的兔子，一觉醒来就什么也没有了。所以，面对舍弃或者得到，都要淡然处之。

淡然面对舍弃，需要一种"放下"的心态。其实，我们都知道"放下"是一件多么难做到的事情。想要放下工作中遇到的不顺心，如对公司的不满、对老板的抱怨、对主管的厌恶、对同事的成见；想要放下感情中的悲喜交加，如那个人的好、那个人的坏、那个人的甜蜜、那个人的伤害；想要放下生活中的酸甜苦辣，如亲人的期盼、亲人的失望、朋友的维护、朋友的背叛。但这些事情又是多么清晰地印在脑海里，怎样也抹不掉。它们构成了人生的纪录片，一遍又一遍地自动循环播放着，越是想忘记，记忆越清晰。

因为不能舍弃，我们便只好背负着沉重的包袱往前走。在经过一个又一个坎儿的时候，越发显得艰难。当疲惫成为人生的主题时，我们就已经失去了赢得精彩人生的砝码。当面对困难越来越无力，我们又怎么能够相信自己还会拥有未来的光明呢？因此，我们不妨尝试放弃一些对自己来说微不足道的小事，让这些已经过去的事随风而逝，不再纠缠其中。

而淡然面对获得，则需要一种平静的心态。当你拥有了别人没有的东西，甚至是别人特别期盼能够拥有的东西，你会有怎样的反应？我想，多数人都会有短暂的兴奋和欣喜。紧接着呢？就会有不同的态度。有的人会在这份"获得"中肯定自己，随即将自己的"获得"放大，自信无限膨胀，觉得自己无所不能，比周围的人都强。以一种高傲、目中无人的态度面对接下来的旅程。有的人会冷静思考，在欣然接受这份"获得"的同时，反思自己"获得"的原因，找到继续提升自己的空间和信心，为下一次的"获得"做好充足的准备。后者当然是面对"获得"的正确选择。然而，当惊喜来临的时候，我们真的可以在狂欢过后选择冷静，真的可以让自己的心态沿着正确的方向发展吗？比如，你获得了公司的年终最高奖，被领导高度赞扬并顺利升职，你是否还会放低姿态，平等地看待身边的同事和朋友？再比如，你拥有一个优秀的男友，各方面都要好过身边的其他朋友和同事，你是否会保持低调，从不炫耀？又比如，你幸运地得到一笔意外之财，你是否会冷静地面对，好好地规划它们的用处，而不是忘乎所以地将自己喜欢的东西都买回家。

"获得"是不易的，不管是辛苦得来的，还是意外惊喜。辛苦得来需通过长久的积累，而意外惊喜发生的概率极小，所以两者都需要加倍珍惜。珍惜的方式，当然就是保持平静和淡然的心态。只有这样，才不会被"获得"冲昏头脑，从而导致乐极生悲的结果。

舍得，是一种人生的智慧和处世哲学，涵盖着无尽的禅意。只有学会"舍得"，才能在遇到任何事的时候都保持淡然自若的超然态度。"淡泊以明志，宁静以致远。"不能舍得，就难以淡泊，也无法致远。就如登山，若不能舍得"清泉石上流"的淡雅志趣，就无法登上山顶体会"一览众山小"的豪迈情怀。

004 明理通达，淡然是气定神闲的智慧

智慧，是世人追求的根本。在精致的生活中，在通达的人生中，处处彰显着智慧。

小时候，我们喜欢别人称赞自己"聪明"，也时常与周围的同龄人攀比智商的高低。一旦确定自己的智商比别人高，就觉得自己已经拥有了高人一等的资本。不管做什么，都会比别人做得好；不管学什么，都能比别人学得快；不管理解什么，都会比别人理解得深刻。那么，一个人智商的高低，真的可以代表这个人的智慧吗？

有个关于世界顶级高智商俱乐部"门萨"的故事，是这样的：几个"门萨"的会员一起去一家小饭馆吃晚餐，细心的他们发现，桌子上两瓶分别装着胡椒和盐的小瓶子，贴在瓶盖上的标签颠倒了。他们对此发生了兴趣，并决定开动脑筋，在不借助别的容器的情况下，将瓶子里的调料颠倒过来。经过短暂的讨论，他们提出了一个只用一张餐巾纸和两根吸管就能解决问题的方法。接下来，他们找来服务员，说明情况，并表示愿意帮忙纠正错误。可意外的是，服务员并没有对他们的讨论结果发生任何兴趣，她只是说了句

"对不起，先生们"。而后，不慌不忙地将两个调料瓶子的瓶盖对调过来。

这个略显尴尬的小故事很明白地告诉我们，高智商的人行事并不见得一定比别人高明。很多时候，高智商的人会将简单的问题复杂化，因为他们通常喜欢选择看似高深的角度考虑问题，也喜欢卖弄自己的高难度、高技巧，导致结果成了一次高谈阔论的表演，没有任何实际意义。真正的智慧，是豁达而开阔的，包含着谦逊、理智、博爱、道德等各个方面。想要拥有它，就需要一份淡然的心境。

"淡"是智慧，是"智"与"慧"的平衡。当我们不断地追求自身"智"的高度时，也不能忘记"慧"的广度。一个有慧根的人，更善于从世间繁杂的事物中了解和掌握规律，做人潇洒、淡然，做事从容、有序，方为人生的至高境界。自古至今，那些真正拥有大智慧的人都是处变不惊、游刃有余的。

当一个人无法放下心中的执念时，就会表现得心浮气躁，不能冷静地分析事物，不能看清自己的处境，就无法对事情作出正确的判断，也不能冷静地分析对策，即使有再多的智慧也毫无用处。只有当内心真正安静下来，放下那些无谓的思考和偏执的情绪，才能产生灵魂升华之后的大智慧。《大学》中说："知止而后有定，定而后能静，静而后能安，安而后能虑，虑而后能得。"真正拥有智慧的人，都离不开一份镇定自若的心境。

古时，《三国演义》中诸葛孔明的空城计，至今仍被人津津乐道，堪称千古绝唱。大兵压境时的凭栏而坐、抚琴高歌，是何等超然的气魄。那份淡然，那份安然，都显现出他高人一等的智慧，令无数后人钦佩不已。而对于身处现世的我们来说，即使不能拥有这般气度与魄力，也至少可以临摹几分，提升自己。曾经，一位朋友在面对竞争对手的时候，就是依靠几分淡然从容才渡过难关。后来，提及当时的情景，她仍然记忆犹新。那是一场业余的辩论赛，她顶替临时不能上场的好友，担任第二辩手。辩题不熟悉，资料仅在赛前浏览了两遍，而自己又不擅长辩论。这样窘迫的时刻，她唯一能做的，就只有自我激励。比赛中，她的发言虽然并不多，但那份自信和坚定的态度，还是令对方的辩手感到压力。而背负着压力，便很容易失去镇定从容的心境，也就很难有出色的发挥。最终，这位朋友不仅没有给团队拖后腿，反而帮助团队获得了比赛的胜利。

在工作中，时常会遇到需要紧急解决的问题。如果你气定神闲，一步一步地解决，也许五分钟或十分钟就能完成。如果你因着急而慌乱，找不到头绪，就很容易忙中出错，反而耽误了时间。这就是为何人人都在忙碌着，但忙碌的结果不尽相同的原因。有的人能妥善解决问题，有的人却将工作变成一团乱麻。而在生活中，同样如此。如果你手忙脚乱地做一盘菜，就很可能令原本很好的厨艺大打折扣。因而，想要做一个拥有智慧的人，切不可缺少淡然之心。不然，就成了"盛名之下，其实难副"的表面功夫。就像前文提到的那些"门萨"会员，背负智慧的盛名自命不凡，内心时常充斥着名利的争夺，总希望在常人面前显示自己的头脑，却往往在实际生活中将问题复杂化，看不到解决问题的通达之法。

005 将苦难沉淀，成就云淡风轻的优雅

女人们都懂得，优雅是一个女人身上最有分量的妆容，远比各类化妆和搭配技巧要有价值得多。只要有足够的耐心与细致，每个女人都能学会通过精巧的化妆技术来为自己打造一张精致的脸孔，或通过准确的着装搭配遮掩自己身上的每一处瑕疵。然而，想要塑造自身骨子里的优雅，却无法单纯地依靠学习和练习来实现。

优雅是一种和谐的美，也是一种超脱的气质和神韵。它既需要有得体的外在装扮，也需要有高尚的内在情操。一个优雅的女人，应该是温柔的、知性的、豁达的、包容的、平和的。她可以不够漂亮，但必定是美丽的；她可以不够高贵，但必定是个性的；她可以不够博学，但必定是智慧的；她可以不够超

脱，但必定是平和的。然而，想要做到这些特质中的任何一方面，都很困难。所以，想要成为一个优雅的女人，是难上加难的事情。

原本，做女人就已经很不易。我们经常要面对不顺心的工作，不顺心的感情，不顺心的生活。各种各样的事情交织在一起，杂乱无章，理不出头绪。稍有疏忽，便有可能犯下错误，伤到自己。当我们像个惊慌失措的小鸟，在这个世界到处横冲直撞，想要闯出自己的一片天地的时候，几乎已经没有足够的时间和空间塑造优雅的自己。可一个女人想要赢得别人的尊重，想要拥有属于自己的事业和地位，就要培养优雅的高尚境界。

女人的优雅是模仿不来的。邯郸学步的故事虽然听上去有些许夸张，但一味地学习和模仿别人，的确会把自己原有的特质也丢失。女孩子有时喜欢攀比，见到比自己漂亮、比自己有文化、比自己受欢迎的女孩，就会不自觉地学习或模仿对方的样子。比如，办公室里的某个漂亮的女同事新做了受欢迎的发型，其他女人也会想要改变自己的发型。再比如，杂志上流行的服饰和搭配，总是特别受欢迎。不管究竟适不适合自己，许多女人总是喜欢优先选择流行的、时尚的、受大众欢迎的服饰或用品。可随着模仿的人越来越多，模仿出来的形象越来越不靠谱，一些原本可以赏心悦目的特质，也就变得一文不值。说到底，这无非就是一些爱慕虚荣、刻意伪装的女人惹的祸。

真正的优雅，是不能有半点模仿或伪装的。从外表来看，有的女人穿职业装、高跟鞋，是一种优雅；有的女人穿棉麻布衣、帆布鞋，也是一种优雅。只要适合自己的气质和形象风格的打扮，都可以显得优雅、庄重。而从内涵来看，有的女人饱读诗书、博学多才，是一种优雅；有的女人历经沧桑、事业有成，也是一种优雅。只要拥有站在高处的恬淡和潇洒，就不失为是一个真正优雅的女人。而对于还不具备这些特质的女人来说，想要学会优雅，除了要修炼品位、知识、个性之外，最重要的是学会为人处世中的淡然。

　　"淡"是优雅。也许，我们从优雅的女人身上最难以学到的，就是这份淡雅的态度。这也是为何有很多女人看似已经站在一定的高度，却无法真正优雅的症结所在。我们随处可见那些贵妇打扮的女人，奢侈品在她们的眼里就像生活必需品，可以随意购买，也可以随手丢弃。她们装扮华丽，或许也拥有自己的事业，但无论你怎么看，都看不出她们身上有多少优雅的气质，相反，却只有一股子铜臭味。而有些女人，你猜不出她们的身份，只觉得看上去有一种友善、亲和的感觉，言谈举止就像夏日海边清凉的风，让人没有理由不喜欢、不羡慕、不接近。这才是真正优雅的女人。

　　淡然中的优雅，需要温柔、善解人意的性格。当然，这并不是盲目的、没有原则的柔弱和顺从，而是学会以一种明理、宽容的态度对待周围的人和事。尖酸刻薄、斤斤计较、得理不饶人的性格是女人最容易沾染的坏毛病。很多女孩觉得，做女孩就应该蛮不讲理，就应该被哄、被原谅，一旦得势又希望将对方"置于死地"，反正自己不能吃亏。这种想法恰恰是心胸狭窄的表现，眼中只有自己的利益，长久下去就形成了以自我为中心的处世方式。在竞争如此激烈的社会里，不管是男人还是女人，都已不愿再迁就这种蛮横的女人。这样的女人不但一点也不可爱，有时甚至会让人觉得可恨。优雅的女人，对自己，对别人，都会保持包容的理智态度，能够包容别人没有恶意的错误，即使别人的错误伤到了自己，也会想方设法找到理性的解决方式，绝不会无理争三分。所以，温婉的性格是优雅的必备品质。

自古就有"女人心，海底针"的说法，用来形容女人内心的深不可测。一个令人捉摸不透的女人，自然会吸引更多的、想要窥探究竟的人。好奇，本是人之常情。然而，一个女人是否值得去探究，就要看她的思想内涵究竟有多深了。现今，已经过了"女子无才便是德"的时代，女人身上的学识和故事，体现了一个女人的内涵。随随便便就能够被看穿的女人，已经不会有任何吸引力了。博学多才，有内涵，有故事的女人就像一个丰富多彩的世界，让人想要进入其中看个究竟，或徜徉其中体会无限乐趣。只要能够做到深藏不露，便可以称得上优雅。而在为人处世方面，也要做到从容不迫。不论面对任何人、任何事，都能既不虚张声势，也不低声下气，凭借坚韧不屈的品格，与世俗抗争。

上天给了每个女人同等的学习优雅的机会，从小到大，不管是学校教育，还是社会教育，都是积累、吸收和蜕变的过程。想要破茧成蝶，还需要淡然地面对生命中的艰辛和挫折，只有经过苦难的洗礼，才能成就真正的优雅女人。

PART 2
不怨不怒，在琐碎中相遇美好

> 很多时候，我们并不是没有快乐的资本，而是在抱怨和纠结中亲手毁掉了快乐的星星之火。如果能少一些无谓的纠结，做到顺其自然，你就会发现生活美好的一面；如果能将没完没了的抱怨停下来，转而将目光放置在解决问题上，你就会收获更多的幸福感。

001 不必惊艳，平凡脸庞同样可以绽放魅力

时尚就像一条流动的河，又像望不到边的海，时尚的潮流一波接着一波，永无尽头。时尚是不断变动的，这种不确定的变动从某个角度上来讲，是区别于今天的时尚和昨天、明天的时尚的个性化标记，满足了人们对差异性、个性化的要求，也满足了人们对自我内心的一种享受。时尚可以说是无孔不入。从古到今，不管是东方还是西方，每个国家、每个时代都存在着时尚。它本质上没有陈旧与创新，没有高雅与低俗，只有文化的流变、时间的流逝与人心的

变迁。

当年流行的大哥大、今天的平板电脑早已经成了一道时尚的风景线，虽然这种时尚离不开科技的发展，但是昨天普普通通的帆布鞋成了今天的时尚。时尚的内容实在是太宽泛，类似于在牛仔裤上磨出一个破洞的标新立异是时尚，前卫新潮是时尚，稀奇古怪也是时尚，然而在物质文明高度发达的今天，家居、体育、旅游等各行各业都可以看到时尚不断闪现的身影。它丰富着人们的物质文化生活，促进着经济的发展。时尚已经成为现代社会生活中不可或缺的一个部分。因此，没有任何一个人可以完全掌控时尚的潮流，你的脚步永远也跟不上瞬息万变的现实。

追逐时尚本没有错，但是若是被这种潮流支使得团团转的女人是愚蠢的，甚至是得不偿失的，不但提升不了自己的品位，还大大委屈了自己的钱包。

女人不一定要追逐时尚，但是一定要懂得时尚，不能不懂得装扮自己，因为形象对每个人都很重要，懂得时尚的女人知道如何修饰自己的美丽，如何将自己最精彩的一面展现出来。尤其是现如今的女性，凭着自身丰富的阅历、敏捷的思维和较高的学历立足于现代都市，走在潮流的尖端，要懂得用独特的视角和见解来引导自己，用个性的色彩和感觉强化自己，展示自己的风情，取悦自己的心灵。追求生活的高质量，活出率性的自我，可以说是一个现代女子所追求的最佳境界。

追逐时尚的女人整体被品牌和价格围得水泄不通，不断向前追赶的脚步也会让自己变得疲惫不堪。懂得时尚的女人却能将平凡和普通变成别有特色的风景。

懂得时尚的女人不一定非要穿名牌，但是也能将自己打扮得迷人、有品位，因为她可以穿出自己的品位和风格。

K女士是大家公认的懂得会装扮自己的时尚美女。其实，论相貌并不算上乘，然而她的穿衣打扮总能给人耳目一新而又得体的感觉。夏天到了，商店中各种款型和品牌让人看得眼花缭乱，街上各式各样的裙子也都纷纷登场。K女士也喜欢穿裙子，尤其是连衣裙，本打算去几家新开的时装店给自己挑选两件新的，但没有找到最喜欢的也只好作罢。回到家翻出一条压在衣柜底层的连衣裙稍微做了下改动就又接着穿了，没想到第二天这个"尘封"了两年的旧衣服赢得了不少人艳羡的目光和赞美的话语。其实，那不过是条普通得不能再普通的裙子罢了，不是什么名牌，只是在原来的样子上稍微做了"手脚"的缘故。

其实，昂贵的品牌不一定能衬托出你的气质和品位，相反，找到一个最适合你自己的款式却能极大提升你的品位和气质。因此可以说，品位是穿出来的，只要找到最合适自己的才能穿出属于自己的风格。

一个女人的衣着饰物，说明着她的身份，也在默默地传递着她的个性信息。

英国历史上第一位女首相撒切尔夫人，对自己的妆容、服饰非常讲究。在她的身上看不到一般女人的珠光宝气和雍容华贵，只有朴素、淡雅和整洁。从少女时代开始，她就十分注重自己的衣着，但从不标新立异、哗众取宠，而是时刻保持朴素大方、干净整洁。大学的时候开始受雇于本迪斯公司。每个星期五的下午，她去参加政治活动的时候，都戴着老式小帽，身穿黑色礼服，脚上是一双老式皮鞋，再加上一个手提包，让她看起来显得更加持重和老练。曾经有人笑话她打扮保守，可是她却有自己独到的见解：这样的打扮可以在政治活动中取得别人的信任，建立起威信。她的衣服从不起皱，给人留下的是一种井井有条的做事作风，这一切对她以后的政治生涯都有着至关重要的作用。

撒切尔夫人这样一个聪明的女人，怎么会不懂得什么是时尚呢？但是她没有刻意地去追逐，而是恰到好处地利用"时尚"提升了自己的品位和地位。

开名车、逛名店不一定就是时尚，靠金钱支撑起来的外在形象注定不会长久，反而会更显庸俗。不要纠结于自己的外形怎样，这些真的都不是最重要的东西，女性的时尚和品位更多地来自她生活的智慧，这样就能在潮流大战中，以不变应万变，自然中体现自己不凡的品位和风格。她那一颗丰富的头脑却是洞悉时尚本质的永久的资本。懂得时尚的女人，知道如何用智慧巧妙地打造自己的品牌。

002 将生活烹调出美妙滋味

人生的道路不会永远笔直平坦，其间有坎坷，有崎岖。我们无法预测灾难什么时候会降临，今天还阳光灿烂，或许很快就要面对阴霾重重的明天。作为女人，你可以没有国色天香的美貌，但不能缺少一颗坚强的心，就足以应对明天的风雨。你有追求安逸舒适生活的权利和能力，也一定有穿行困窘、驱走阴霾的力量。这样的女人像一朵花，可以开在温暖的四月，也可以在寒风中绽放最美的笑脸。

她没有金银珠宝的装饰，没有富丽堂皇的居室，甚至有时候一日三餐都成问题，但是她能将生活烹调得有滋有味。

男人和女人结婚十多年了，每天，都能看到女人挎着篮子，里面装的是热腾腾的饭菜，给男人送饭，数十年如一日，从未间断。

只要男人在那儿，女人的午饭从不缺席……

男人是家中的老大，从小学习成绩就很优秀，村里所有人都认为这孩子将来一定有大出息，老师、父母也因为有这样的学生、儿子而自豪。高考那年，家里的农田遇上了旱灾，几乎颗粒无收。看着爸妈愁苦的面容，看着还不太懂事的弟弟妹妹，他把刚刚收到的大学录取通知书烧了个精光。瞒着家人去了外地打工，以此来贴补家用，供弟妹上学。然而一场事故让他永远失去了一条腿。灾难已成事实，生活还要继续。后来，附近县城的街道上就多了一个跛脚的修鞋匠。

对于一个老实本分的乡下人来说，这个修鞋的摊子就是他生活的全部希望。正是靠着每一针每一线的缝补，才慢慢积攒了把媳妇娶进家门的资本。善良而敢于担当的男人一直认为能遇到同样善良而贤惠的女人，是天大的幸福。但是，由于自己的残疾而无法得到一份体面的工作，没有能力给女人一份富足的生活，让他一直心生愧疚。

这天，正是中国的情人节，七夕之日。男人在街头看着不同打扮的男男女女，抱着一束束的玫瑰，或者自己从未见过的巧克力，幸福地依偎前行。他忍不住叫住了刚好从身边经过的卖花的小姑娘，用那只沾满了油灰的手，颤抖着翻出了十块钱，买了一枝鲜艳的玫瑰，然后藏在了身后的包里。

午饭的时间到了，女人像赴约一般如期到来。男人从背后拿出那支玫瑰，深情地送到女人眼前，说："这么多年来，不但没有让你过上什么好日子，反倒让你跟着我受罪……"

女人刹那间凝住了，嗫嚅地说道："花这钱干啥啊？只要我们在一起和和睦睦的，我就已经很高兴很满足了。"

女人跟着男人，没有过过一天锦衣玉食的生活，或许在她内心深处也无法确切地描摹出"幸福"究竟是怎样的一个东西，但是数十年如一日的恩爱，数十年如一日地风里来雨里去的送饭历程，就是幸福的最好证明。男人的修鞋摊不仅是维持生活得以继续下去的来源，更修出了两个人坚贞的爱和温暖。还有那一枝玫瑰，不知道要用多少针多少线才能换来的十块钱，送到女人手中的不单单是那鲜亮的红色，更是夫妻两个笑对生活的见证。

我们相信，女人为男人做饭、送饭的路上，内心一定是快乐的、知足的。

其实，幸福很简单，幸福不在于你此时的处境，而是你此时的心境。内心充满乐观阳光的你，纵然身处积雪覆盖的深山，也一定能看到蓬勃生长的绿色。

对于那些淹没于钢筋丛林都市里的女人们，或许也会在日复一日、巨大的压力中难以舒缓，但无论如何，抛却那种随波逐流的匆忙，就算是身处困境，也没什么大不了，问清楚自己究竟想要什么，做自己生活的主人，而不是困窘的奴隶。当你学会了苦中作乐、以苦为乐地活着，那么你的生活也终将被你烹饪得色香味俱全。即使生活有些困窘，也要坦然待之，别太纠结了。

003 生活的好坏取决于你看待它的目光

生活中有阳光充足的正午，也有灰暗无比的时刻。有时候，你赶上顺的时候，好像做什么都很顺风顺水，真可谓好运连连，"人逢喜事精神爽"，整个人精神头也起来了，但是一碰到不顺心的事情，就又愁眉不展，甚至一蹶不振。

其实，"好"和"坏"是可以相互转化的，面对不开心和不顺利，从另一个角度看待，真心地感激生活所赐给你的一切，不要总被抱怨占满你的内心，就会有意想不到的收获。

有一家纺织厂，经济效益不好，工厂决定让一批工人下岗。在这批下岗的工人里有两位女工，她们都是四十岁左右，一位是大学毕业生、工厂的工程师，另一位是一个普通的女工。

女工程师下岗后，她的心里总觉得不平衡，认为下岗是一件丢人的事，自己是一个很失败的人。她由最初的愤怒转化成抱怨，最后变得自卑。她整天在家里闷闷不乐，不愿意出门见人，更没有想过要重新开始自己的人生。孤独而忧郁的心态摧毁了她的一切，她的身体开始出现问题，她的精神也开始恍惚。她抑郁成疾，总是把自己的注意力放在下岗这件事上。一直无法解脱，最终她就带着忧郁的心态和不低的智商孤独地离开了人世。

普通女工的心态却大不一样，她想别人既然没有工作能生活下去，自己也肯定能生活下去。她没有抱怨和焦虑，她平心静气地接受了现实。因为自己平日里比较喜欢看书，想开一家小型的读书室，于是筹借资金，读书室便开了起来，由于普通女工经营了卖书、阅读、租借的全部业务，使得她的生意很红火，她不仅挣到了比以前上班还要多的钱，还觉得自己过得很快乐。

其实下岗并不是什么大不了的事，只要你看开了，那只是一个阶段的结束，如果工程师能够看得开一些，没有总是抱怨、总是消极，重新开始，那她的结局将会比普通女工更好。可是她的消极心态，最后让她抑郁而终。普通女工，只是把下岗当作一个结束，有结束就会有开始，新的开始会比过去更加美好。

面临同样的失业下岗，工程师消极不满，而普通的女工却能从中看到有利的一面，保持着积极乐观的心态面对每天的生活，那么生活反馈给她的不会永远是失望。

其实，生活中，每个人都会遇到挫折，有时挫折甚至一时难以克服。面对挫折有的人便会不战而败，捶胸顿足，怨天尤人。这样的人永远也无法走出困境。真正的成大事者，则会满怀希望，即便是面临重重困境，也能找出生活中闪烁着的希望之光。

一个外国女人的头部被抢劫犯击中了五枪，然而她竟然奇迹般地活了下来。医生把她的康复归功于求生的希望。连她自己都说："希望和积极的求生意念是我活下去的两大支柱。"的确，被打中了五枪是多么不幸的事情，然而在这样的不幸面前，她却感激自己还有知觉，还有希望，并坚信自己还能好过来，正是如此强烈的念头，才让她足以撑到医生赶到的那一刻，为自己赢取了获救的时间，生命才最终得以重现光明。

希望，使人增强了对挫折的心理承受能力。经历过挫折打击而能心平气和地忍下来的人都有一种切身体验：人之所以能够忍耐，是因为自己对未来充满了希望。如果一个人绝望了，对未来不抱任何希望，他就不会忍耐，而会破罐子破摔，自暴自弃，不去做任何努力，对一点点挫折都失去了承受能力。从这个意义上说，希望是奔向前途的航标和指路明灯。人若没有了希望就会迷失方向，生活就会失去意义。

利弊都会并存，正如那个可爱的"哭婆婆"，无论晴天雨天，她总是哭个不停。她有两个女儿，大女儿是卖雨伞的，小女儿是卖布鞋的。晴天时担心大女儿的雨伞卖不出去。下雨天，老婆婆想起小女儿，一定没有客人光顾。于是一年四季，晴天雨天，老婆婆都是泪眼汪汪，好不凄凉。

有人对她说："您应该往好的方面想啊，下雨天的时候就想想大女儿，大女儿的雨伞可以卖得好了。天晴的时候小女儿的布鞋就好卖了，这样不论是晴天还是雨天你的女儿都有得赚，不是吗？"

哭婆婆想想确实是这样，于是不再哭了，无论是什么天气总有女儿的生意是好做的，于是她开始笑口常开。

任何事情都有两面，抱着积极的心态去看，你收获的可能就是开心，抱着消极的态度，你看到的或许永远只是悲伤的一面。心里装满了阳光，就不会惧怕寒冷的冬天。

用感恩的眼睛看世界，世界就是美好的。如果今天早上你起床时身体健康，没有疾病，那么你比其他几百万人更幸运，他们甚至看不到下周的太阳了。如果你从未尝试过战争的危险、牢狱的孤独、酷刑的折磨和饥饿的滋味，那么你的处境比其他5亿人更好。如果你的冰箱里有食物，身上有衣服可穿，有房可住及有床可睡，那么你比世上75%的人更富有。如果你在银行里有存款，钱包里有零钱，那么你属于世上8%最幸运之人。

我们还有什么好抱怨的呢，我们会羡慕那些富人的生活，可是你有没有想过，你平凡的生活会更幸福。有一个幸福的家庭，有体贴的丈夫温柔的妻子、可爱的孩子，吃得饱，穿得暖，生活得简单、平淡，又何尝不是一种幸福呢？保持好心情，笑口常开，那么幸福将会常伴你的左右。

004 分得出轻重缓急，别为小事抓狂

"我要飞，而你却像埋葬梦想的高墙；我要跳，而你却像地心引力那么强……快抓狂我快抓狂，不要搞不清状况。"我们每个人想必都有过那种说不清楚的烦恼和焦躁，一点点小事就能让我们"抓狂"，近乎崩溃。

有的人上学的时候，平时不好好学习，临近考试开始着急，于是挑灯夜战，临时抱抱佛脚，等勉强过了考试一关，又恢复了平时的懒散状态，长期下去就形成了这样一种习惯。更可怕的是，这种习惯一直延续到了工作中，不少人平时不积极，等事情到了关头，开始焦躁不安，情绪极度地不稳定和浮躁，累得筋疲力尽才马马虎虎完成任务，免遭上司的批评。其实，这样的情况我们是可以避免的。

每个人的精力都是有限的，面对每天这样那样的事情，首先要在心里给每件事情标上号，分清楚轻重缓急，把最重要的事情放到

第一位，抓住主要矛盾，这样一来，其他问题也就迎刃而解了。说到底，很多时候，这样那样的焦躁，甚至那种近乎抓狂的状态，都是我们自己将自己推到了这样的路上。

就算有时候，面对一些无法预料的事情，也要告诉自己放轻松，学会将大事化小，同时不会为小事抓狂。

一个成功的女士善于管理自己的时间，做事分得清轻重缓急，永远坚守把要事放在第一位的原则，优先处理重要的事情，才能有好的效果。

曾有一位杰出的时间管理专家做了这么一个试验：这位专家拿出了一个1加仑的广口瓶放在桌上。随后，他取出一堆拳头大小的石块，把它们一块块地放进瓶子里，直到石块高出瓶口再也放不下为止。

接着他问："瓶子满了吗？"

所有的学生应道："满了。"

他反问："真的？"说着他从桌下取出一桶砾石，倒了一些进去，并敲击玻璃壁使砾石填满石块间的间隙。

"现在瓶子满了吗？"

这一次学生有些明白了，"可能还没有。"一位学生低声应道。

"很好！"

他伸手从桌下又拿出一桶沙子，把它慢慢倒进玻璃瓶。沙子填满了石块的所有间隙。他又一次问学生:"瓶子满了吗?"

"没满!"学生们大声说。

然后专家拿过一壶水倒进玻璃瓶,直到水面与瓶口齐平。他望着学生:"这个例子说明了什么?"

一个学生举手发言:"它告诉我们,无论你的时间表多么紧凑,如果你真的再加把劲,你还可以干更多的事!"

"不,那还不是它真正的寓意所在,"专家说,"这个例子告诉我们,如果你不先把大石块放进瓶子里,那么你就再也无法把它们放进去了。"

"大石块",一个形象逼真的比喻,它就像我们工作中遇到的事情一样,在这些事情中有的非常重要,有的却可做可不做。如果我们分不清事情的轻重缓急,把精力分散在微不足道的事情上,那么重要的工作就很难完成。

在工作中,也要分得清事情的主次,重点的事情要重视起来,有层次地工作,才会在职场上让自己得心应手。

初涉职场的你,是不是会有这种困扰:繁重而琐碎的工作让你有点无从下手,拿起这个文件,然后再看看旁边电脑里还没有打完的字,到底要先做哪件,面对桌子上摞起来的小山,最后很可能是左手做一件,右手做一件,最后,哪项都没有在规定的时间内完成,黑眼圈的你第二天还要被老板责备。其实每一个刚涉职场的女性都有可能遇到过这样的困扰，因为对事情的主次安排不当而遭遇手忙脚乱的尴尬。

采采在一家银行工作，刚刚开始工作，还有一些不适应，为了让自己看起来更加有能力，她把所有的大小事都尽量最好地完成。当然在工作量小一些的时候，这样做是没错，可是随着工作量慢慢增加，同样的对待方式让采采有些吃力，也就是所谓的"眉毛胡子一把抓"，不仅浪费了很多时间在一些琐碎的小事情上，重点事情也没有及时地发现，导致最后工作囤积。连采采自己都认为很困惑，只是一心想把事情做好，结果却适得其反。经理和她谈了一次话，她才发现，原来是自己的工作方式有问题，所有的事情并不是一点顺序没有，而是它们之间的重要性不同而已，有条理地分辨，工作起来才不会慌乱，顺理成章地完成，重点的事情就多花一些时间和精力去重点完成，这样，再有大量的工作也会变得简单而有秩序。

采采的问题相信应该是很多新人遇到的问题，在办公室中，看到别人在短时间内把事情做得很完善而且有条理，而自己却感觉自己花了同样时间，换来的反而是感觉越来越多的事情堆在眼前，自己的认真度就会大打折扣，最后只能拆了东墙补西墙，所有的事情被自己搞得乱作一团，老板当然会不高兴，交代给你的事情也会越来越少，你也就会被扣上没有工作效率的帽子。难道真的没有一种办法去解决这些棘手的问题吗？

1. 头脑清醒地工作

在接到一些工作的同时，不要先急于扑进去就开始，那样很可能几天之后这些事情要返工。先清醒地把事情罗列一遍，到底哪件事情是重点，就像学语文课文一样，先抓住文章的中心，然后才是其他的陪衬。把重点事情重点地去对待，做到最好，其余的事情也就会慢慢地被解决，这样，既节省时间，你的工作能力也会得到老板的赞赏和肯定。

2. 不要眉毛胡子一把抓

在工作中一定要分清主次，如果遇到工作就盲目地去解决，所有事情总想一下子就完成，最后的结果只能是眉毛乱七八糟，胡子也不知道被弄到哪里去了，这是老板最不愿意看到的，分不清主次，会被认为在平日中待人接物也会采取同样的办法，如何让老板对你重视，也许你也就一下子被归到次要的员工一类了。

3. 不要去追求大事小事面面俱到

花同样的时间用在一个并不需要时间的事情上，而职场上也是最忌讳这一点，不可能所有的事情都能如你所愿在同一时间完成，会有重中之重的那件事情，所以，千万不能认为自己可以将所有的事情都当作重点来做，纠结于许许多多的小事中，那样，只会让你更加手忙脚乱。

005 抱怨是没头脑的宣泄方式

宣泄，也许是喜欢抱怨的女人能够想到的最好的借口。毫无疑问，抱怨的确是宣泄的方式之一，但并非最好的方式。那些零散的、负面的、充满怨气的话语和情绪，就像精神垃圾，如果随意倾倒给某个人或者某些人，是没有道德的。所以，喜欢宣泄的女人，应当学会更多自我调节和适当宣泄的方式，让自己的生活中少一些抱怨、多一些豁达，令自己保持良好的心情和风度。在此，我们不妨共同来探讨一下适合女人的宣泄方式，也许你会从中得到一点启发。

首先，假设你遇到一个非常痛恨的人，他害你吃了大亏，你却拿他没有任何办法。那么，"骂人"也许是一种不错的宣泄方法。这种说法也许会令你吃惊，女人怎么可能随便骂人呢？从小我们都被教育成待人要有礼貌的乖乖女，不管如何，都不能学会这种不讨人喜欢的恶习。但很多时候，"骂人"这种最原始、最直接的宣泄方式，倒是比较能够立竿见影地缓解内心的不快。当然，这里所说的"骂人"，并不是那种污言秽语的罗列，如此低劣的行为根本就不值得一提。因此，"骂人"的行为虽然不值得提倡，但偶尔拿来用用，也是无可厚非的。

其次，文字是当前比较流行的宣泄途径之一。自从有了微信、微博这样的平台，网络里充斥了越来越多的私人文字。很多无处诉说的人在自己的私密空间里宣泄着各种各样的情绪，不必害怕影响到别人，也可以对相关的人保密。心里不痛快的时候，写下一大篇文字，自己和自己唠叨一番，心情就能得到很好的缓解。所以，当你想要逃到一个没有人的地方，在一个不被打扰的空间里抱怨内心的不快时，就可以在网络中为自己开辟一个小天地。如果你认为自己还是有几分才华，文字水平值得称道，也可以将令人不愉快的遭遇写成故事。在现实中，也许是你成了手下败将，遭遇了不幸的倒霉事，但在故事中，你可以完全按照自己的意愿安排结局。尽管故事终究没有办法变成现实，但一个符合自己期望的完美结局还是可以有效地平复躁动不安的心情。而假如你可以常年坚持写一些文字，没准儿还能成为一名业余写手，何乐而不为呢？

最后，娱乐也是大众化的宣泄方式之一。每个女人都有自己喜欢的娱乐项目，K歌、逛街、吃大餐、看电影、打牌，等等。心情不好的时候，约上三五个朋友一起大疯大闹一场，就会暂时忘却那些压力和伤痛。但需要注意的一点就是千万别玩得太过火。不然喜剧闹成了悲剧，又平添了新的烦恼。

此外，购物、旅行、运动、阅读等，都是适合女人的宣泄方式，它们都比抱怨来得更实际。掌握并且灵活运用其中的一个或者几个，就可以避免自己掉进抱怨的黑洞。抱怨是最没有头脑、最没有品位的宣泄方式，淡然的女人懂得在自己的坏心情面前，选择更有效、更健康的自我平衡和减压方法。

006 并非所有故事都有美丽的结局

童话故事中，公主和王子在历尽艰辛和阻挠之后总能幸福地生活在一起，很多的影视作品到了最后总是可以看到一个令人欣慰和满意的大结局。因为在人们的心灵深处也始终怀抱着一种相似的渴望。希望正义战胜邪恶，希望有情人终成眷属，希望好人会得到好报。然而在实际生活中，并不是所有的故事都有美丽的结局。

我们在想问题、做事情的时候总是希望一切能尽善尽美，总希望能顺利达到更高的地方、更远的前方，然而生活的变幻莫测和无法确定，决定了人生是必定要和遗憾结伴而行。

为了某件事情，准备了很久，原以为会顺理成章地完成，却眼睁睁地看着机会从自己身边溜走，自己却无能为力，这不能不说是种遗憾。真心相爱的两个人，正规划着美好的未来，然而意外将他们永远地分开了，再也等不到"执子之手，与子偕老"的那一天，这又何尝不是一种让人痛惜的遗憾？

不是每个故事都有美丽的结局。我们渴望圆满，也应该容忍缺憾。懂得了这一点，就可以在充满坎坷的道路上披荆斩棘，不会畏惧突然袭来的风霜雨雪。有时候，缺憾是对我们人生的一种磨砺和积淀。缺憾也是一种美，它美在悲壮，美在令人心痛的破碎！

那些未能实现的诺言，没来得及说出口的再见，还有那些遗落在风中的诗篇和散落一地的忧伤，那些在寒夜中无尽的期许，以及与我们擦肩而过的尘缘，都可能会令我们追悔莫及，然而正是因为人生中有这些不完美，才组成了生命的华章，才有了我们对完美的不断追求。回头望去，那些残缺的片段连成了一串串熠熠生辉、美丽无比的珠子，在过往的岁月中闪闪发光。

因为害怕失去，我们才会更加珍惜得来不易的幸福。人生不可能永远一帆风顺，遭遇坎坷和失败，也可以用一颗柔软的心去体会其中难得的幸福，你所演奏的生命的乐章将比别人的更为丰富和优美。

PART 3
不忧不惧，于岁月中恒久纯真

> 我们或许已经习惯为生活套上了枷锁，对得失的耿耿于怀，对他人评价的斤斤计较，对过往旧事的念念不忘，这些无形的压力让我们无法活出自我、活出快乐。学会让自己抽身而退，淡然地面对这一切，才能摆脱内心的纠缠。请记得时刻提醒自己，给自己一点点勇气，人生的路途才能更加从容、更加快乐。

001 爱握得越紧，越容易失去

当我们太想得到一样东西的时候，最终结果往往是得不到；急切地希望达到某种目的，结果也很可能恰恰相反。急于求成是对耐心的挑战，它有时候会严重妨碍着我们走向成功。要明白很多东西不是强求得来的。而即便是已经拥有的东西，看得过重，哪怕是幸福也只会成为短暂的过往，过分地关注和看重，就越容易失去。

感情这东西，又何尝不是如此呢？有人说爱情就像抓沙子。不

知道你有没有听过这样一个故事。

一个女孩很爱很爱自己的丈夫，当然她也害怕失去他。每天对丈夫管得很严，看得很紧。如果哪天丈夫晚上下班回家晚了一会儿，就要不停地追问对方都去了哪里，都做了些什么，为什么没有平时回来得早。更别说是丈夫在外面有应酬之类的了，但凡遇到这种情况，她就不停地打丈夫手机，问对方在什么地方、和谁在一起，等等。有好多次当着同事朋友的面，弄得丈夫都相当难堪。终于有一天，男的忍无可忍了，他开始逃避回家。女人很害怕，不知道该怎样改变这种状况，心痛无奈之下求助于自己的母亲，这位母亲蹒跚着把女儿带到屋后花园里的一堆沙子前，让女儿去抓一把，女孩不解地照着做了，然后母亲又让她抓得再紧一些，女孩眼睁睁地看到一大把沙子就这样从自己的指缝间流了出来，直到一干二净。刹那间，女孩明白了母亲的用心良苦，再想想自己结婚以来的这些表现，她深刻体会到，爱情有时就像在抓沙子，抓得越紧，管得越牢，看得越重，越害怕失去很可能就越容易失去。

女孩释然地回到家中，看到从来不抽烟的丈夫正一个人在沙发上抽闷烟。她也知道丈夫深爱着自己，原本相爱的两个人都是因为自己的幼稚和无知才造成今天这种样子。她放下往日的怀疑和追问向丈夫真诚地道歉，结果可想而知，两人和好如初。

两个人相处就像抓沙子，如果双手用力一抓，抓得越紧，越多的沙子会从指缝中流走，如果是轻轻地一捧，会有更多的沙子留在手中。很多时候，我们往往太执着于自己喜欢的东西或人，占有欲越强，抓得越紧，往往会适得其反，没有达到希望的结果反倒弄巧成拙。

有时候，信任和放任也是一种爱。太过看重，就总想着把对方的一言一行都掌控在自己的把握之中，甚至会限制对方的自由，变成对方的枷锁，这只能会让对方感到束缚、觉得压抑。

当你端着满满的一碗水，一边小心翼翼地向前走着，一边在心里想着千万不要溢出来，眼睛不由自主地死盯着手中的这碗水，那么很可能它洒出的会更多。爱也如此，看得越重，越害怕失去，就越容易失去。

恋爱和婚姻就像放风筝，给对方自由其实就为了避免看得过重而造成伤害。不管天空中的那只风筝飞得多高多远，但线在你的手中，又怕什么呢？爱不是完全的占有，彼此都有一片自由的天空，那种飞翔的姿态将比天使更接近天堂。

人们常说，婚姻如同一座围城，外面的人想冲进来，里面的人想冲出去，在这冲进冲出中，演绎着多少的悲欢离合，看看发生在我们周围和我们自己身上的事情，掂量一下其中的酸甜苦辣，也好为我们以后的生活有个暗示和激励。在追求幸福婚姻情爱生活的路途中，你扮演的究竟是自由还是束缚的角色？你究竟又能给对方留下多少的自由空间呢？我们身边不乏这样的女人，明里暗里翻看对方的聊天记录、手机短信，甚至处处跟踪，加紧管制，当初的甜蜜感情已经不可遏制地演变成一场斗智斗勇的"间谍"与"反间谍"的"伟大"行动。试想，这样的恋爱或者婚姻生活又将可以维持多久呢？当感情的维系已经失去了生存的土壤，注定不会结出丰硕的果实。

还有人说过，对男人需要放养，其实也有不可看得过重的意思，给对方自由也是对女人自身的一种解放。

万事万物都有相通之理，看得过重其实是一种心态，这种心态用来对待感情对待爱，会让你更易失去对方，假若用到平时做事上，也是一样的道理。

我们中的很多人想必有过这样的经历，当我们越是专注于某一件事情的时候，就越容易出差错，越难将它做好。而那些很多我们认为不可能的事情，当抱着一种无所谓的态度但是尽力去做的时候，却意想不到地做到了。

还记得那位名震四方的美国钢索表演艺术家瓦伦达吗？在此前历次的表演中都没有出过任何事故的他，却丧生于一场难度并不大的表演。

那是一次很重要的表演，观众都是声名显赫的重要人物，演技团决定让瓦伦达出场。瓦伦达深知这次表演的重要性。如果这次成功了，就能给演技团带来前所未有的支持和利益，同时也能奠定自己日后在演艺界的地位。于是，他在表演前一天还在仔细琢磨每一个动作、每一处细节。

演出正式开始了，为了让表演更加完美，凭着自己以往的经验和实力，这次他没有带保险绳。原以为会如预料中一样顺理成章，但是就在他走到钢索中间，做了两个难度一般的动作之后，意外地从高空中坠落下来，喜剧一瞬间变成了悲剧，瓦伦达不幸失足身亡。

瓦伦达正是因为太想成功，太看重这次表演的重要性，患得患失，才会走向失败，失去了宝贵的生命。他对这次表演重要性的看法已经到了超乎寻常的地步，如果他能和往常一样放松自己，或许这样的结局完全可以避免。

在对人对事的时候，不要过分看重自己的得失，不被患得患失的阴影所笼罩，心灵就能多一份安宁。对爱人、对自己，对情感、对事业、对生活保持一颗平常心，凡事尽力而为，但不要看得太重，我们的人生将得到更多！

002 真正有内涵的女人，不选择媚俗

媚俗是一个千百年来一直被抨击的现象。迁就、迎合、讨好大众的口味，以一种低姿态的谄媚态度为人、做事，这样的人或许可以获得公众的追捧，但自身人格也将不复存在。所以，媚俗自古就是不被提倡的。然而，在这个崇尚个性的时代，媚俗仍然不可避免，并且大行其道。

当商业化成为一种主流，就会有人不惜牺牲精神领域的崇高和社会责任，来换取短期的商业利益。传媒行业对娱乐化、猎奇、隐私爆料的追求和因此而获得的巨大经济利益，让越来越多的人看到了媚俗的好处。于是，有更多的人加入其中，除了追求经济利益，也能满足自身虚荣的需要。

所谓"俗"，就是最能贴近普通大众的东西。它们往往是生活化、人性化的，能满足大众的好奇心、窥视欲、想象力，也能引起大众的共鸣。而媚俗就是刻意利用这些东西满足大众的需求。米兰·昆德拉曾说："媚俗者的媚俗需求就是在美化的谎言之镜中照自己，并带着一种激动的满足感从镜中认出自己。"昆德拉认为，媚俗是虚假的、谎言性的东西。在这里，我无意探讨媚俗的深层次内涵，只是

想说明，很多媚俗者想要获得的就是填充虚荣心的那份满足感。

身在世俗，就不可避免地会媚俗。我始终认为，没有哪个人能够真正地做到"反媚俗"。只是有的人偶尔媚俗，有的人无时无刻不在媚俗。而对于虚荣心比较强的女人们来说，一不小心就会掉进媚俗的陷阱。所以，在生活中，媚俗的痕迹也是无处不在的。

仅从衣食住行方面来看，我们每个人的身边都会存在这样的女人：服饰和化妆必定跟风流行，而且要周围的人都说好看，才会满意；选择餐馆必定是大家都认可、都喜欢、都说口味好的，吃过之后还不忘评价一番，而且要周围的人都认可她的评价，才会高兴；家里的装修必定是当前最流行的，新添置了什么物品要拍照给同事朋友看，得到对方的称赞才算圆满买车必定选多数人都喜欢的品牌和车型，买前要通报，买后要炫耀，要看到周围人羡慕的眼光，才会满足。

而从精神追求来看，媚俗的女人是必定会将物质放在首要位置。不管是赤裸裸的拜金，还是追求小资情调，都要以物质为基础。而后，要紧跟时尚流行风，听最流行的口水歌，看最卖座的商业大片，买最火的书和杂志，谈论最流行的话题。要时刻走在时代的前沿，做小圈子里的风向标。

我朋友的办公室里就有这样一个女人，每天都要谈论房子、车子、股票和网络最新的新鲜事，QQ和MSN的签名是网上最新的流行词汇和句子，看书要看大热的畅销书，听歌要听最新的专辑。其他人之间的闲谈，十有八九她会立刻加入，表现出无所不知的样子。而一说起专业性的问题，她就开始随大流，或者能躲就躲。私下里，办公室的人都认为，她在媚俗方面的领先程度在公司绝对是所向披靡的。如果单纯是为了娱乐，大家都愿意满足一下她的虚荣心。可一旦到了正经做事的时候，便没有人会再迁就她。这不能不说是一种悲哀。

也许有的女人会觉得媚俗没有什么不好。既然人都不能免俗，那又为什么不能媚俗呢？可我觉得，不免俗并不见得一定要媚俗。人生在世，完全可以按照自己的意愿选择各种各样的生活方式和喜好。只要不是一副不食人间烟火的态度和追求，就还是俗人一个。但俗人未必一定要做那些媚俗的事儿。如果办公室里的女人们在谈论某档综艺节目，而你刚好没听说过或者不喜欢，你会不会直截了当地告诉她们"我不知道"或者"这节目一点儿也不好看"？不媚俗其实就这么简单。可能她们会嘲笑你的孤陋寡闻，可能你没办法再加入类似的话题，但这又有什么关系呢？人不是走到哪里都要有人关注的。建立自己的空间，并适当维护自己的空间，才是根本。如果你因此而拼命补课，甚至看综艺节目比她们看得更多，以此向她们说明或炫耀自己的"博学"，她们不过也就是递上几句赞美的话语。就算你在她们中间是最"出众"的，无非就是落了个"喜欢综艺节目"的名头，根本就没有任何意义。

我们都曾见过那些飘拂在广场上空的泡泡，它们在阳光下闪耀着五彩斑斓的颜色，但只需轻轻碰触便不复存在。媚俗换回的那一点点虚荣的光环同样如此，不过是供人娱乐的消遣而已，即使受到再多关注，也都是暂时的。真正懂得展现美丽、真正有内涵的女人，是不会选择媚俗的。做真实的自己，便是最好的方式。

003 何必患得患失，终日萦挂于怀

当我们面对很多人、很多事的时候，都会有一种"担心得不到，得到了又担心失去"的复杂心情。一件精致的物品、一份渴望的工作、一个心爱的人，都会令我们不知所措。不管最终的结果是得到还是失去，都要保持一份释然的心态，如果一味地纠缠在得失的结果中，就会形成患得患失的心态。当前，我们身处残酷竞争的社会，生存的压力很大，于是会特别计较个人的得失。人人都想要自己的付出得到足够的回报，甚至是不劳而获，却又不想失去什么。整日忙于算计自己的所得与所失，生怕失去的比得到的多。可最终又能够得到什么呢？

超市打折的时候，有的女人就会争相购买折扣商品。看上去，

买得越多就能比平日节约更多的钱。比如，每件货品比平日降价一元，买十件就相当于节省了十元。当女人们大包小包走出超市，并为自己的精明感到得意的时候，几乎没有人能够意识到自己失去的东西。但当热情冷却的时候，也许女人们总会发觉，购买的货品里包括自己平日极少用到，或者原本并不在购买计划当中的东西。只好将它们堆存起来，想着总有一天会用到。可没过多久，也许女人们又会加入另一家超市的促销活动中，再次重复同样的事情。如此一来，有些物品消耗得比较慢，所以越积越多，成了家里的负累。如果再有东西因为超过保质期而被迫扔掉，那之前的采购所得，实际上就已经不复存在了。于是为了物尽其用，要煞费脑筋地时刻留心家中存货的情况，避免过期扔掉。如此患得患失的结果就是什么都没得到。所以，人们常说算计小钱的女人常常是得不偿失的。因为太想占人家的小便宜，而忽略了自己的所失，到头来只能竹篮打水一场空。

　　如果说，生活中的患得患失还不会造成太大的影响，那么职场中患得患失的人就不会如此轻松了。所谓"熙熙攘攘为名利，时时刻刻忙算计"，那些为了生存在职场竞争和打拼的人其实是很痛苦的。身为女人，在纷繁复杂的职场并不占优势，要想尽办法为自己赢得优势，得到之后又害怕失去，所以时刻留意身边人的动向，看准下一步的台阶，生怕别人捷足先登。这种心态令自己感到疲惫，也无法为自己换回更多。

身边曾有一女性朋友，为了升职加薪，花费了整整两年时间。其间，不断地权衡自己的得失，一路上走得小心翼翼。每天都在计算自己为了目标又迈进了多少，获得了多少资历和机会，同时也在害怕失去现有的资源和优势。结果，养成了一种挑剔的工作习惯。领导分派的任务，她觉得对自己有帮助的，才会积极去完成。而那些她觉得没有多少作用的事，便应付了事。有好几次，在她认为并不那么重要的事情上犯了错，被领导逮了个正着。于是，升职加薪的事自然也就没了期限。后来，朋友劝她不如放下这些包袱，只顾专心向前走，认真对待所有分内的事。她渐渐改变了做事方式和态度，也就自然获得了实现目标的机会。

还有的女人，认不清自己所擅长做的事，时下流行什么，或者什么能赚更多的钱，就想做什么。身边的朋友开店赚了钱，她也想开店；身边的朋友做市场，她也想从文职转为市场；身边的朋友考公务员，她也拼命去考。总之，眼光始终停留在那些小有成绩的人身上，却不曾考虑自己的性格或资本是否适合复制别人的路。盲目地选择自己的职业，结果往往会错误地选择了不适合自己的目标，白白走了很多冤枉路，还丢掉了自己的专业和特长。所以很多时候，越想要得到就越容易失去。尽管职场中有许多功利存在，但患得患失的态度并不会让我们得到更多，反而容易失去自己的真实。

　　除职业之外，感情也是女人一生中最重要的选择。人们常说恋爱中的女人是傻瓜，置身感情中的女人，看不清自己所处的位置，无法分辨对方态度的真实性，也就更容易患得患失。尤其是当一个女人真的为此投入，会特别想要得到那个人，又会在得到之后害怕失去。因而，在得到的过程中，女人可以放低自己，想尽办法讨他的欢心，甚至不择手段也要将他留在身边。在得到之后，又会整日守候身旁，就好像留住他是自己生活最重要的部分，其他的一切都可以不管不顾。如此一来，很多感情中的矛盾也就应运而生了。最常见的便是女人的卑微、小气、敏感、多疑、捕风捉影，对身边的男人百依百顺，死死抓住不放，一有风吹草动便草木皆兵。这样的女人，让男人如何承受。

　　很多男人在选择分手时，会说是女人的爱太沉重，给了他无法承受的压力。而这份压力，正是女人的患得患失所造成的。感情很脆弱，经不起太多的推敲和考验。有句话说，不要考验爱情，因为爱情是经不起考验的。太在乎得失，内心就没有安全感。可如果想找回安全感，并不是要求那个人该做到什么，而是要放下自己的那份执念。如若不然，便很容易作出一些偏激的事情。也许有时候，不过是为了试探那个人的真心。然而真心如此宝贵，又怎么容得下随意试探。考量得多了，真心也会变得荒芜，就像你反复地对一个人表达"我爱你"，说得多了，听的人就会越来越麻木。

虽然女人是偏于感性的动物，但仍然要学会在感情中保留一份理性。人与人之间是平等的存在，不要因爱患得患失，更不要因利益患得患失。一旦走上了歧途，就会迷失在自己给自己设下的圈套里。

世事如庭前花，花开花落；又如天边云，云舒云卷。何必患得患失，终日萦挂于怀呢？每个人都想拥有更多的东西，但所能得到的终究是有限的。如果过分看重得失，注定会在患得患失中迷失方向。

004 诱惑前保持淡然，岁月中恒久纯真

假如有一种你最爱吃的食物摆在面前，你是否会毫不犹豫地拥有它；假如有一件喜欢的衣服价格刚好在接受范围内，你是否会毫不犹豫地买下它；假如碰巧遇到一个喜欢的人，你是否会毫不犹豫地接受他；假如某个人可以帮助你获得晋升的机会，你是否会答应他全部的条件；假如某个人愿意请你吃喝玩乐，你是否会欣然接受对方的邀请。生活中有许许多多的诱惑，我们每天都在经历。有的即使无法抵御，也无关痛痒；而有的，却会让你付出巨大的代价。所以，我们需要学会分辨诱惑，才不至于一而再、再而三地摔跟头。

而想要分辨诱惑，就要具备在诱惑面前保持淡然的能力。

women天性注重细节，思维细腻，但喜欢感情用事，很多时候不能冷静地思考问题。所以即使有些小精明，也常常吃大亏。比如，为了贪图一点小便宜，无端地买了更多原本并不需要的东西。比如，为了所谓的爱情，可以奋不顾身，上演飞蛾扑火的游戏，还觉得自己很伟大、很悲情。所以，世界上有许多受伤的女人。颓废、阴郁、满心怨恨，总觉得自己是最可怜、最值得同情的人，却极少会想到自己究竟为什么会变成这样。

诱惑，是个暧昧、迷离的词儿，散发着神秘的气息。它们亦是人生路上的美丽风景，可以驻足欣赏，但不能深入其中。这道理，不管是受过伤的还是没受过伤的，不管是经历过爱情的还是没经历过的，都应该懂得。然而，懂得是一回事，能不能做到又是一回事。从来都很佩服那些能够在诱惑面前不为所动的女人。她们拥有过人的智慧和强大的内心世界，不会过分在意自己的所得，不会唯利是图。当然，她们也曾被诱惑，但可以在第二次面对诱惑的时候安静地走开。

身边曾有过这样一个清新淡雅的女孩，认定是自己不需要的东西，就保持一种敬而远之的态度，任凭别人怎么蛊惑都不为所动。后来，她遇到一个男孩，有头脑，有家世，有诺言，也有爱情。她在男孩的追求中徘徊了很久，始终没有再往前迈出一步。她说，这不是适合她的男孩，就像橱窗里的精品，虽然看起来很漂亮，但并不是每个人都能与它融为一体。如果不能控制自己便会适得其反，好像戴了件不合适的首饰，突兀又难看。旁边的朋友反驳她，说这样优秀的人并不是随处可见的，你迁就一下又有什么不好。她笑说，我需要的并不是他的这些条件，我不想依靠他的家世生活，我也不羡慕他的头脑，而诺言和爱情是最善变的东西，它们只能用来做调料。既然他并不适合我，我为什么要因为这些外在的条件而迁就他呢？旁人看到的不过都只是表面，如果深入了解，你就会发现他很小气，很没主见，不管是生活还是思想都不够独立。这样的人，怎么能作为依靠的对象呢？

当浮于表面的诱惑被抹掉，真相往往是令人惊叹的。任何物质或者人，都是有缺陷的。被诱惑，只是将他们的优势无限扩大，而忽略了缺陷的一面。不会被诱惑的人，能够冷静地看到他们的缺陷，才决定自己是不是真的要接受。不要因为他们的美丽，不要因为他们的时尚，也不要因为他们的小资，就轻易选择接受。

很多女孩会选择购买当季流行的服饰，因为铺天盖地的宣传告诉她，这是时尚流行风。可越是时尚的东西，就越难驾驭。模特穿起来好看，并非每个女孩穿起来都好看。就算身边的同事或朋友穿起来赢得了很高的回头率，同样未必就适合自己。还有很多女孩子选择另类、小资的生活。在这个崇尚个性的时代，另类和小资似乎代表了一个人的独特品位。女孩们会盲目地认为特别的就是好的，所以不管作何选择，都要和别人不一样。各种反潮流、反世俗的做法也屡见不鲜。比如，曾经有段时间颓废、阴郁的风格火了，就有越来越多的女孩加入颓废、阴郁的行列。好像自称文艺的人必定是抑郁的，要喝咖啡，要懂得奢侈品，要穿棉布裙子和球鞋，要带着孤傲的眼神，要在深夜里品尝寂寞的滋味。当然，年少轻狂的时候，谁都会有些小忧伤，可不能故意让自己掉进忧伤的陷阱，不能因为向往"出众"就往黑影里走。那些所谓的行为艺术，那些特立独行的行径，都不过是哗众取宠，并不见得有多少实际意义。我们可以培养自己的个性，但不能让自己沦为生命里的一个表演者。生活需要的，还是平平淡淡的真实。

做一个在诱惑面前保持淡然的女子没有什么不好。某些疯狂和某些奢华是不需要经历的。懂得认真感受生活的女子，懂得拒绝诱惑的女子，才能在岁月里长久地保持一份纯真。

005 释怀，是对过往最好的交代

随着时光的流逝，过往会被一点点地封印起来。那些走过的路、经过的事、犯过的错、爱过或者恨过的人，都会被打上各自的烙印，而后分门别类地存放进特定的收纳箱里。想要重新回味时，只能从里面取出来欣赏和回忆，却没有办法再回去。

但显然，我们都不甘心、不满足于只能与过往相对而视，却不能靠近或者改变。

19世纪末，传奇科幻小说家威尔斯写下了举世瞩目的《时光机器》。在那个年代，他曾被人们称作"可以看到未来的人"。人们相信，时光机器是可以实现的。从那以后，时光的转换就成了小说家们热衷的元素。而对于某些"70后"和"80后"来说，承载着梦想的时光机就要属日本知名漫画故事《哆啦A梦》里的机器猫小叮当。那时候，是真的很羡慕故事里的男主角大雄能拥有一只功能强大的小叮当。也想过，如果自己拥有一台时光机，会用来做什么。后来发觉，不同时期，想法是不同的。小时候想要去向未来，想知道自己以后究竟会变成什么样子。可年纪逐渐增长之后，就会越来越想回到过去。想找回过去的简单和快乐，想改变自己的选择，想纠正自己的错误，想消除曾经的尴尬，想把错过的那个人找回来。

时光机当然不会真的存在，所以那些过往只能定格在原地，再也没有办法改变。如若不肯承认这一点，就只能活在幻想中。而活在幻想中的人，又如何以正确的姿态向前走呢？

有段时间，长久地与一个纠缠在过往中的女孩交流。因为一些事情让她无法释怀，涉及成长环境、家庭、朋友和爱过的人。总是在想，如果过去不那样选择或者那样做，就不会有现在的结果。渐渐地，她不喜欢现在的生活方式，不喜欢工作，不喜欢周围的人，觉得现在生活中所有的负面因素都是以前造成的。如此过度地沉浸在过往中，使她的生活受到了很严重的影响，似乎对现实中的一切都提不起兴趣。

"我真的不知道该怎么办才好。"她对我说，"我也知道这样不行，过去的事已经过去了，没办法再改变，但我就是不能控制自己去想。而且一旦想起来，就会长时间走不出来，会影响我做其他的事。"我说，你举一个例子，说一说有什么样的事是你过去想做，却没做成，因而才会放不下的。她想了想，说过去总是向往自由，想到处旅行，一直没能实现。觉得自己没能好好利用青春的时间，很后悔。而且那时候，家人也不支持，不像现在的孩子，很小的时候就有机会出去看世界。我说，那你不如利用假期的时间出去旅行。其实并不难，只要勇敢地迈开步子，去实现一个过去没有实现的愿望，也算是对过去的祭奠吧。

几个月之后，她申请休年假，又额外请了几天假，并为外出旅行做了详细的规划。这一次，她是很认真地走出去的，去到自己梦想中的地方。一路上，她与我保持联络，告诉我当地的风土人情和精美的风景，也告诉我有些地方并不像自己想象得那么美丽诱人。20天的时间，品尝了喜悦、失望和艰辛。回来的时候，我们在机场相见，她说"回家真好"，我们相视而笑。通过这次旅程，她终于明白，对于过往的纠缠是没有意义的事情。当初没能选择的，当初没有做到的，如果真的做了，也不会使现在的生活改变多少。就像一直期盼的远行，真的去实现了，才发觉还是会想念属于自己的城市和生活。

人生都不可避免地会积累很多无法释怀的过往，而有时候，过往的诱惑力要远大于现在或者将来。因为它不可改变，因为它再也无法触碰。就像人们通常所说的，越是得不到的东西就越想去得到。而事实上，得到与否真的已经不再重要了。过去唯一的用处，就是让我们不再想回到过去。当我们能够意识到过往的本质，就会发现过去真的没有什么值得留恋的。也许真的丢掉了很多，错过了很多，可同时也获得了很多。命运给予我们的不只有缺失，还有得到和惊喜。有了过往作铺垫，才会拥有属于自己的现在和未来。

所以，不要再沉迷在过往里，它已经被时间牢牢地锁住了，只留下记忆的碎片。如果放不开过往，就等于将自己也锁进了牢笼，停滞不前的结果就只能让自己沉沦在时间的流逝里，拖着一副皮囊，行尸走肉般地活着，又是何苦。女人的情怀就像发丝一样细腻、柔软，尤其需要摆脱牢笼的能力，才能不被过往所牵绊，勇往直前地行走。

006 总有一些人，注定只是生命的过客

人的一生中，会遇到很多人。与他们之间发生各种各样的关系，而后，有的人停留在生命里，扮演各种角色，成为人生的一部分；有的人则渐渐淡出视线，选择离开，成为过去。后者便可以看作生命中的过客，来去匆匆，不留痕迹。

其中，总有那么一个人，虽然注定只能成为过客，却是令人无法忘记的。因为曾经在自己的生活中掀起过很大的波澜，被看作非常重要的人，以为这一生都不会再有其他人能够代替，却在岁月的流逝中弄丢了彼此，犯下了无法挽回的错误。当某天，再次记起那个人，他已经成了"别人的"，那些在一起时发生过的温暖的、浪漫

的、痛苦的事，都只能是"曾经的"。忽然意识到，那个人真的已经走出了自己的生活，永远都不会再回来。而此时的痛，才是真的深入骨髓的。

当手中安安稳稳地握着自己心爱的东西时，从不会意识到某天会失去它。于是，心安理得地拥有着，毫不吝惜地折磨着，随性地索取或者抛弃。直到突然两手空空，觉得惶恐不安，才知道自己有多么在乎和不舍，却也已经来不及。所以，如果确信遇到了生命中不可替代的那个人，就要好好地珍惜拥有，不要轻易地将他变成"过客"。但同时，也要随时做好失去的准备，因为越是深爱，越容易失去。米兰·昆德拉说："当你还在我身边，我就开始怀恋，因为我知道你即将离去。"那么，倘若那个人真的成为过客，就将他放在内心深处的博物馆里，偶尔纪念一下、怀念一下，也就是了。

过往已经与现实无关。曾经的那个人闯入你的生命，教会了你欢乐与忧伤，让你品尝到了幸福和痛苦，给了你无尽的人生财富。也许这就是他的使命，也许你们的情缘注定只能到此为止。你应该感谢他的陪伴，感谢他带给你不一样的生活和心情，感谢他帮助你成长。接下来的路，你要学会独立自主，学会凭借自己的力量前行，也算是对他曾经付出的一种报答。不要自我折磨，不要纠缠于那些不得不舍弃的过往，不要总是执着地想要从时光的缝隙里要回那个人，不管你愿不愿意承认，你们之间都已经没有办法再有交集。

时常有幽怨的姑娘提及过往所带来的伤害，多少年都不曾真的释怀。有时候，我不知道该如何面对她们，不知道该如何帮助她们遗忘那个过客。人人都懂得的道理，无须一遍又一遍地重复。很多时候，不是不能明白自己的处境，而是没有足够的力量摆脱目前的处境。那种无力感和无奈的心情，我也曾有过体会。但所有这一切，都不能作为绝望的理由。我们不能给自己的堕落寻找任何借口，面对人生的特殊考验，只有勇敢地闯过这一关，才能重塑自己的未来。因而我仍然试图给她们力量和信心，让她们更加理性地作出决断。

曾有一个叫小琪的姑娘问我："如果和一个人在一起很多年，是不是就会形成习惯，即使分开也没办法真的断掉联系？"我说，既然已经选择分开，就说明他并不是陪伴你继续走下去的那个人，不管你是否还会保留他的习惯，不管你是否还难以忘记过去在一起的种种，他都不得不消失在你的生命里。她说，我知道，可我就是说服不了自己。后来，她为我讲述了自己的那段过去。

那个人是在她身处落魄的境地时偶遇的，当时她以为自己会一直走进无尽的黑暗里，没想到他却竭尽全力让她看到了希望之光。于是，她以为这个人是上天恩赐的王子，是要陪她走过生命黑暗的。他们在一起度过了六年的时间，起初，像很多情侣一样，用心地经营彼此间的感情，寻找各种各样新鲜的生活方式。她懂得他所有的喜怒哀乐，包容他的失败和错误。他也懂得她的细腻温婉，小心地保护着她的心思。旁人都说他们是珠联璧合的一对，天生注定走到一起的。在时光的流逝里，他们都未意识到生活在逐渐发生着改变。当他们都已经习惯了彼此的存在，便开始向往新的世界。结识新的朋友，进入新的圈子，那些新鲜的人和事动摇着他们固守彼此的心。后来，他们忽然觉得长久地停留在生命里的这个人似乎已经不那么重要了，甚至偶尔还会变成一种阻碍。于是，想要摆脱的念头生根发芽，最终成了一拍两散的结局。

分开了，才明白那个人的位置有多么重要。很多习惯仍然不自觉地保留着，所以那个人的影子始终阴魂不散。"有时候，我觉得自己的身上已经烙下了他的印记。"她说，"即使和别人在一起，也会不自觉地想起他习惯的方式，不能容忍别人与他不同的做法。我们后来又见过几次，虽然都很难忘记过去，但还是不可能重新复合。他说，他已经是我生命中的过客了，是我应该放弃的角色，没有什么好留恋的。我明白他的意思，但我忘不了。有段时间，我总是追着他，不管他怎么劝说，就是不肯放手，给他带来很多不便和伤害，现在想起来，觉得自己真的很无趣。"

"过客只能用来纪念。"我告诉她，"他有自己的生活和未来，已经不属于你生命的一部分。人生的路，走过了就不能再回头了。所有的遗憾和不舍，都可以当成成长中的历练，是为了让你以后懂得珍惜真正属于自己的王子。紧抓着过往不放手，就会失去新的机会，那才是最大的损失。你要尝试改变，才能够看到新的契机。"她似乎明白自己必须放手，表示愿意尝试将他排除在自己的生活之外。

　　成了过客的那个人，已经没有必要继续纠缠了。他留下了一段记忆、一些习惯、一点印记，就已经完成了使命，可以被放进内心的死角。偶尔拿出来回味一下，想想自己还曾有过那样一段生活，就已经足够。如果强行想要找回过去，就只能加重自己的伤痕，并且让自己变得丑陋不堪。

　　学会放手，还自己一份自由。只有你不愿遗忘的，没有真正无法遗忘的。淡然地面对过往的那个人，才能看清明媚的未来。

中篇 修型篇
——秀外慧中，气质如兰

PART 1
形象优雅，穿衣打扮尽显知性美

> 着装体现了一种社会文化，体现着一个人的文化修养和审美情趣，是一个人身份、气质、内在素质的无形名片。仪表的修饰往往与人的着装相互联系、互相陪衬。在各种正式场合，女性得体的着装和仪容通常体现着自身的仪表美，同时也有助于增加社交的魅力，给人留下良好的印象。

001 女性如何穿衣不失礼

"穿着成功不一定保证你成功，但不成功的穿着保证导致你失败！"

不当的穿着，是职场中的致命伤。所以，如何穿着打扮，也是懂不懂礼节的一个重要体现。在职场中，我们应该尽可能地避开服饰的失礼，升华我们的外在修饰，使其与内在修养达成一种内外和谐的统一美。

现如今，最大的服饰礼仪流行风，可数西方提出的"TPO原则"。它要求人们的着装要考虑时间（Time）、地点（Place）、场合（Object）三个重要因素。

1. 时间（Time）要求服饰二原则

随四季的变化而换装

服饰应当随着四季的变化而变换：夏季以凉爽、轻柔、简洁为着装格调；冬季应以保暖、轻便为着装原则，既要避免臃肿不堪，也要避免为形体美观而着装太单薄；春、秋两季的服装选择相对宽松一些。

随时代的发展而换装

应当做到随时代的发展而改变服饰，要顺应时代发展的主流和节奏，既不可超前，也不可过于滞后。超前易给人浮夸的感觉；而滞后又会使人认为跟不上时尚的步伐，跟不上时代的节奏。

2. 地点（Place）要求服饰三原则

休闲服饰要舒适

人们在休闲时，如在娱乐、购物、观光等场合下，着装应舒适得体，无拘无束才能达到真正的休闲，可穿着牛仔服、休闲服、运动服、休闲鞋、运动鞋等。

工作服饰要正统

在职场办公环境中穿着应"正统"，适合穿制服、套装、套裙以及连衣裙，带给人职业与精神的面貌。同时也要符合规范，如男子西服应烫熨平整，裤子应烫熨出裤线，衣领袖口应干净，皮鞋应锃亮。女子不宜赤脚穿凉鞋，穿丝袜时，袜口不能露在衣裙外等。

社交服饰要大方

人们在社交时应选择时尚、大方的服饰，尽量做到与当时当地当景相衬的着装，这样既能休闲得体，又能充分地融入社交环境中。

3. 场合（Object）对于服饰的要求

人们应根据特定的场合搭配合适、协调的服饰，从而获得视觉和心理上的和谐美。例如会议、庆典仪式、正式宴会、职场或外事谈判、会见外宾等场合，选择的服饰应力求庄重和典雅，不要给人一种浮华的感觉；在欢度节日、纪念日、结婚典礼、生日纪念、联欢晚会、舞会等喜庆场合，服饰应色彩鲜艳、明快，款式新颖、时尚，给人一种喜庆的印象。

总之，不同的时间、地点、场合对服饰有不同的要求，只有与当时的时间、地点、场合气氛相契合、相融洽的服饰，才能产生和谐的审美效果，实现人景相容的最佳效应。

002 学点颜色搭配，找到自己的服饰主色调

从视觉效果上讲，服装的色彩在人的知觉中是最领先、最敏感的。一件色彩和谐、美观、大方的服装，能使穿着的人魅力倍增。因此，女性了解一些色彩的基本特征、色彩搭配的基本原则、服装色彩与场合的关系等基本常识是十分必要的。

1. 服饰色彩与表现效果

不同的色彩有不同的象征意义，能引起人们不同的心理反应。比如：

红色，最能引起人们兴奋和快乐情感的颜色。它象征着活泼、热烈、兴奋、激情、喜庆。它使穿着者更显朝气、青春与活力。

黄色，一种过渡色。它对人的感官刺激作用也十分强烈。它象征着炽热、光明、庄严、明丽、希望、高贵、权威等。

绿色，一种清爽、宁静的色彩。它象征着生命活力与和平。它能使穿着者更显年轻、更加朝气蓬勃。

蓝色，一种比较柔和、宁静的色彩。它象征着深远、沉静、安详、清爽、高傲。它使人立刻联想到广阔天空与海洋，带给人高远、深邃的感觉。

白色，一种纯净、朴实的色彩。它象征着纯洁、畅快、明亮、朴素、高雅、雅致。它不仅适合夏天穿着，而且也适合于各种肤色的人。

紫色，一种富有想象力的颜色。它象征着华丽、高贵、优越。如果你能选用得适宜，并和自身的各种因素搭配好，就会显出高雅的气质。

黑色，一种庄重、肃穆的色彩。它象征着沉着、深刻、庄重与高雅。

灰色，一种中间色，象征着中立、和气、文雅，有随和、庄重之感。

2. 服饰颜色的搭配技巧

服装色彩的搭配可以分成：单色、二色配色、多色配色以及花色（格子、条纹）。

单色，指整套服装只有一种颜色。单色服装具有较高层次的审美效果，它给人高雅、素净、简朴的印象，如套装、连衣裙、礼仪服都可以选用单色。

二色配色，在色调上比单色具有明朗、活泼的感觉。如明度采用一深一浅、纯度采用一高一低，或在面积上使用一大一小的搭配。

多色配色，在服装色彩搭配中具有较高的难度。在选择时最好以一色为主色，其他为辅色，避免每种色彩分量均等。多色配色若能搭配得当，在整体上会显得富有层次感，否则缺乏秩序感，整套服装就会显得很杂乱无章。

花色（格子、条纹），是指在单纯的色彩上辅以花色、格子或条纹等，这样可以增加视觉效果的美感。如果是上下分离的套装，最好采用上花色下单色，或上单色下花色。

此外，黑、白、灰是配色中的几种"安全色"。因为它们比较容易与其他各种色彩搭配，效果也比较好。

3. 服饰色彩搭配要与个人条件相配合

色彩不仅能给人以不同的联想，有不同的象征意义，而且给人以冷暖、轻重、扩缩等感觉。例如，年轻人常用上深下浅的服装颜色搭配，以便让人产生活泼、轻松、飘逸的动感；中老年人则在服装颜色搭配上较多采用上浅下深的方式，给人以稳定、坚实、沉着的静感。

4. 服饰色彩选配要与场合相协调

女性的着装色彩要与场合相契合。比如喜庆的场合，可以选择颜色亮一些的服装，而隆重、肃穆的场合，就要选择庄重、暗淡色彩的服装。再比如拜访、接待时，着装的颜色要选用淡雅的颜色，或沉稳的黑色、深蓝色、深灰色等，给人一种成熟、干练、稳重、利落的印象。约会、赴宴等要根据不同的时间安排来进行服饰颜色的选配。

当然，服饰的色彩搭配并不是金科玉律，也不是一成不变的，女性在生活中只要通过反复的观察比较，就能找准适合自己的、能完整表现自己健康美、素质美的服饰主色调。

003 不再单一古板的职业工装

随着时代的发展，职场女性的工作装早已脱离了古板与单一，女性可以在规范的约束下，和自身"条件"相协调，穿出自己的特色，穿出自己的品位。在了解自身的缺点和优点的基础上，用服饰达到扬长避短的目的。这里，我们主要介绍几种颇具代表性的职场服装。

1. 职业装

在一些正式的场合中，建议选择职业套装；而在一些一般性的职场环境中，可以选择造型稳重、线条明快、富有质感的服装，所选的服装应以舒适、方便为主，以适应整日的工作强度；在办公室里，服装的色彩不宜过于夺目，应以纯色为主，以免干扰工作环境，影响整体工作效率。服装款式的基本特点应是端庄、简洁、持重和亲切。

2. 外出职业装

外出时，服装的款式应注重整体的职业形象，并且确保舒适、简洁、得体、便于走动，不宜穿着过紧或宽松、不透气或面料粗糙的服饰。正式的场合仍然以西服套裙为主；一般正式的场合也可选用简约、品质好的上装和裤装，并配以女式高跟鞋；较为宽松的场合，可以在服装和鞋的款式上稍作调整，切不可忘记职业特性是着装标准。

外出工作时，服装色彩不宜复杂，并注意与发型、妆容、手袋、鞋相统一，不宜咄咄逼人、干扰对方视线，甚至造成视觉压力。所用饰品不宜夸张，手袋建议选择款型稍大的公务手袋，兼具实用性和美观性。

3. 晚礼服

晚礼服是参加庆典、正式会议、晚会、宴会等礼仪活动的最佳选择。晚装服饰的特色、款式和变化较多，可以根据不同的场合和需求的风格而定。闪亮的服饰是晚礼服永恒的风采，晚装应该尽量选择能够显示风姿优雅、雍容华贵的，但是在选择首饰时，亮点不应该超过两个，否则容易显得浮夸。

4. 公务礼服

公务礼服是用于较为正式、隆重的会议、迎宾接待的服饰，是服饰中品位和格调最具有代表性和典型性的。在选择公务礼服时，应尽量选择以黑色和贵族灰色为主色的颜色，不宜选择轻浮、流行的时尚色系。做工要精致得体，并应特别注意选配质地优良的鞋子。

004 画龙点睛的小心机——配饰

饰品是人们在穿着打扮时所使用的装饰物，它可在服饰中起到烘托主题和画龙点睛的作用。职场女性合理地佩戴饰物，则体现着其脱俗的审美品位和文化修养。

饰物的选择要以服装为依据，要与服装整体风格保持一致，并且饰物应简单大方，这样更容易达到一种完整性、和谐性。饰物的佩戴应遵循以下原则：

1. 点到为止，恰到好处

装饰物的佩戴不要太多，如果浑身上下珠光宝气，挂满饰物，就没有了美感，会给他人一种庸俗的感觉。

2. 扬长避短，显优藏拙

装饰物是起点缀作用的，要通过佩戴装饰物突出自己的优点，同时掩盖缺点。例如脖子短而粗的人，不宜戴紧贴着脖子的项链；个子矮的人，不宜戴长围巾，否则会显得更加矮小。

3. 突出个性，不盲目模仿

佩戴饰品要突出自己的个性，不要盲目地追随别人，别人戴着好看的东西不一定适合自己。比如，西方女性嘴大、鼻子高、眼窝深，戴一副大耳环显得性感；而东方女性适合戴小耳环，以突出东方女性含蓄、温文尔雅的特点。

下面介绍几种女性佩戴的饰物。

1. 项链

项链是受到女性青睐的主要饰物之一，它在改变脸形、颈部轮廓方面具有很好的效果。一般来说，短项链可以使脸部变宽、脖子变粗。对于大多数女性来说，长脸、长脖子的人应佩戴颗粒大而短的项链，这样在视觉上能减少脖子的长度；脖子短的人要佩戴颗粒小而长的项链；方形脸、短脖子的人应佩戴长项链，穿领口大一点、低一点的上衣，使项链充分显露出来；瓜子脸形的人可佩戴稍粗的、中等偏短的项链。

项链的佩戴还应和年龄及体型相协调。一般来说，上了年纪的人以选择质地上乘、工艺精细的金银项链为好；中年人以选择工艺性强、质地中档的项链为好；而青年人肤色滋润、朝气蓬勃，以选择质地颜色好、款式新颖的项链为佳。

另外，与项链配套的项链坠，其形状、大小各异。选择时，要优先考虑它是否与项链般配、协调。在正式场合中，女性不要选用夸张怪异的项链坠，更不要同时佩戴两个或两个以上的项链坠。

2. 戒指

戒指的种类繁多，从造型上讲，女性所戴戒指讲究小巧玲珑，注重艺术性。戴戒指时，一般只戴在左手，而且最好只戴一枚，最多可以戴两枚。戴两枚戒指时，既可戴在左手两个相连的手指上，也可戴在两只手对应的手指上。戴薄纱手套时，戒指应戴于其内。

3. 耳环

耳环也是女性的主要饰物之一。女性可以根据自己的肤色、脸形、发型、服装等来选配耳环。瘦脸形的人可戴大而圆的耳环，其可以对瘦而窄的脸庞进行弥补；圆脸形可戴方形、三角形、水滴形耳环、耳坠，这样使脸形显得修长、俊俏，看上去更为协调；方脸形可戴长椭圆形、弦月形、新叶形、单片花瓣形等耳环，这样使方形脸庞多一点曲线美；瓜子形脸的女性可戴圆形或重坠型耳环；三角脸形的人适合戴宝石扣状耳环等。

4. 手镯、手链

通常情况下，手镯可以只戴一只，也可以同时戴两只。戴一只时，应戴在左手腕上；戴两只时，可以两腕各戴一只，也可以两只都戴在左手腕。在一般情况下，手链应仅戴一条，并应戴在左手腕。

5. 胸针

胸针的选择要以质地、造型、做工精良为标准，胸针式样要注意与脸形协调。通常，长脸形宜配近乎圆形的胸针；圆脸形应配以长方形胸针；如果是方脸形，则适宜配用圆形胸针。胸针可别在胸前，也可别在领口、襟头等位置。佩戴领针，数量以一枚为限，而且不宜与胸针、纪念章、奖章、企业徽记等同时使用。

此外，在选择佩戴饰物时，要注意造型款式和色彩上的协调。

在正式场合中选用与服装相称的饰品显得庄重而气度不凡。再者，饰物的选择与佩戴还要因人而异，根据不同的体型选配不同的饰物，使饰物为自己的体型扬长避短。

005 职场女性的整洁妆容如何打造

职场女性在忙于工作的同时也不能忽视自己的仪容。神采焕发、精神奕奕才能体现自己的敬业精神，才能展现自己所属企业的形象。基于此，职场女性保持神采飞扬的风姿便尤为重要。

整洁是对职场女性仪容礼仪的最基本要求。整洁不仅仅是勤洗澡、常刷牙、修剪指甲、经常梳理头发，还包括个人仪容的修饰，如头发、鼻毛、腋毛、牙齿、指甲、体味等各个方面。

1. 对头发的要求

职场女性对于头发要遵循"三无"原则：无异味、无绺、无头屑。

头发要勤梳洗，发型要朴素大方。可选择齐耳的直发式或留稍长微曲的长发，头发不可遮住脸部，前面刘海不宜过低。

2. 对牙齿的要求

职场女性讲究礼仪的先决条件是保持口腔清洁，而不洁的牙齿被认为是交际中的极大障碍。刷牙是保持口腔清洁的关键，日常刷牙和保洁要做到"三个三"原则，即三顿饭以后都要刷牙，每次刷牙的时间不少于三分钟，刷牙时间要在每次饭后的三分钟之内。如果在工作场所不方便刷牙，可以准备漱口水、口香糖等清新口气。

在饮食方面也要注意保护牙齿，如多吃蔬菜、水果、粳米饭等利于清洁牙齿的食物。尽量不吸烟，不喝浓茶，可以防止牙齿变黄变黑和有异味。如果口腔有异味，可通过嚼口香糖来减少；但要注意，在与人交谈时嚼口香糖是不礼貌的。

3. 对鼻毛、腋毛的要求

鼻毛不能过长，过长的鼻毛有碍视觉美感，可以用小剪刀将其剪短，切忌当着他人的面用手拔。另外，要保持鼻腔的清洁，经常清理鼻腔，切忌在他人面前挖鼻孔、清鼻腔，这是一种非常不礼貌的表现。

腋毛在视觉中既不美观也不雅观。职场女性应该注意容易暴露腋毛的服装。夏季，女性在社交场合中如果需要穿无袖的服装，要注意腋毛的清理，以免有损整体形象。

在正式场合中，职场女性在穿裙装或薄型丝袜时，应先去除腿毛。

4. 对手部的要求

职场女性在社交活动中，彼此之间需要握手，一双清洁没有污垢的手，是交往时的最低要求。职场女性应养成及时清洁双手、经常修剪与整理指甲的习惯，指甲的长度不应超过手指指尖。需要注意的是，不要在公共场合修剪指甲，这是很不文明的行为。

5. 对体味、体声的要求

身体要保持清新的味道，别让人一靠近你就被一股怪味吓走。勤洗澡，体味比较重的职场女性，建议用香体露洗澡或洗后擦一些保持体香的护肤用品。此外，在公共场合打喷嚏、咳嗽时，要用手绢捂住口鼻，面向一侧，避免引起别人的不适。

006 职场女性的化妆礼仪有哪些

有一位哲人曾经说过："化妆是使人放弃自卑，与憔悴无缘的一味最好的良药。它可以让人们表现得更加自爱，更加光彩夺目。"对于职场女性而言，化妆不仅可以使人自尊、自信、自爱，同时还有着独特的作用，如塑造公司或企业的形象等。

这里简单介绍一下职场女性应了解并遵守的有关化妆的基本礼仪规范。

1. 化妆的基本原则

注意时间和场合。职场女性在工作的时间和场合只能化工作妆，即淡妆。外出参加活动时不要化浓妆，否则在太阳光下会显得不自然。职场女性参加吊唁、丧礼活动时，也不可以化浓妆，不可以涂口红。浓妆只有在参加晚会、舞会时才可以化。

不当众化妆。在他人面前化妆很不雅观，也不礼貌，职场女性要注意这点。在公共场合，如果你需要补妆，可以暂时离开，到卫生间补妆。

不非议他人的妆容。由于文化、肤色以及个人审美观点的不同，每个人化的妆也不尽相同，尤其是国外人士。职场女性在社交场合不可对他人的妆容评头论足，尤其是在涉外场合。

不借用化妆品。职场女性外出时，必要的话可带上自己的化妆用品。因为借用他人的化妆品，是不卫生、不礼貌的行为。

2. 化妆的技巧

女性准备在一定的场合抛头露面时，其化妆的步骤，大致都是在下述范例的基础上增减变化而已。故此，可以称为职场女性化妆的基本步骤。

第一步，沐浴。沐浴时使用浴液，浴后使用润肤蜜保养、护理全身，保护手部。

第二步，发型修饰。浴后吹干头发，使用发胶、摩丝等作出满意合适的发型。

第三步，洁面、润肤。用洗面奶去除油污、汗水与灰尘，使面部保持清洁。随后，在脸上扑打化妆水，用少量的护肤霜将面部涂抹均匀，以保护皮肤免受其他化妆品的刺激。

第四步，涂敷粉底。在面部的不同区域使用深浅不同的粉底，以修饰脸形，突出五官，使妆面产生立体感。完成之后，即可使用少许定妆粉来固定粉底。

第五步，修饰眼部。先画眼影，根据不同的服饰、场合，确定眼影的颜色，画眼线，修饰睫毛。然后根据脸形修剪眉形，注意眉弓的位置。

第六步，修饰唇部。先用唇线笔描出合适的唇形，然后填入色彩适宜的唇膏，使其红唇生色，更加美丽。

第七步，喷涂香水。美化身体的整体"大环境"。

第八步，修正补妆。检查化妆的效果，进行必要的调整、补充、修饰和矫正。至此，一次全套化妆彻底完成。

3. 卸妆的技巧

卸妆的目的是要净化并护理皮肤，带妆过夜会损害皮肤。一般情况下，职场女性的化妆步骤比男士更为烦琐，这里重点介绍一下职场女性卸妆的一般步骤。

第一步，用卸妆水涂抹假睫毛，然后揭去，要小心谨慎避免伤害眼睛。然后用棉棒蘸卸妆水，擦去眼睛周围及睫毛根部的化妆品。

第二步，用棉纸或纸巾擦去口红，再抹适量的橄榄油或其他植物油。

第三步，用油质雪花膏涂抹额、颊、鼻和下巴部位。

第四步，用软纸巾擦净面部，再用洗面奶或者香皂洗脸，洗脸时不要用毛巾用力擦脸，应该先把香皂打在手上，然后轻轻搓擦面部，最后用温水冲洗。

第五步，用化妆水浸软的化妆棉擦脸，再涂适量雪花膏，最后涂乳液或营养护肤霜类制品护肤。

PART 2
仪态端庄，举手投足间绽放美丽光芒

> 仪态是一种无声的语言，是个人性格、品格、情趣、素养、精神世界和生活习惯的外在表现。一个人的举止仪态往往能反映出他的素质、修养及其被人信任的程度，更关系到一个人形象的塑造。女性应该注意自己的仪态礼仪，努力使自己成为一个举止优雅的人，给人以端庄含蓄、深沉稳健的印象。

001 坐姿优雅，散发魅力

吉田胜逞和尚对日本推销之神原一平影响最大，他曾告诉原一平："人与人之间，像这样相对而坐的时候，一定要具备一种强烈的吸引对方的魅力，如果你做不到这一点，将来就没有什么前途可言了。"优雅端庄的坐姿向人们传递自信、友好、热情的信息，同时也显示出文雅庄重、尊敬他人的良好风范。

对职场女性坐姿的整体要求是庄重、大方、娴雅，给人一种舒适感。因此要坚决杜绝以下不美坐姿：

脊背弯曲。

头部过于向下伸。

耸肩。

瘫坐在椅子上。

跷二郎腿时频繁摇腿。

双脚大分叉或呈八字形；双脚交叉；足尖翘起，半脱鞋，两脚在地上蹭来蹭去。

坐时手中不停地摆弄东西，如头发、饰品、手、戒指之类。

坐姿优雅与否是一个人有无魅力的试金石。具体来说，将坐姿方面对职场女性的细节要求介绍如下。

1.职场女性坐姿礼仪要求

相对男士而言，女性的正确坐姿显得更为重要。一般来说，女性入座应尽量向前，背部一般不要靠在椅背上，可以将随身携带的物品如手提袋或衣物等东西，放在身体和椅背之间。

女性坐下时膝盖不应分开，小腿也要合拢，小腿可以放置在椅子正中间，也可以并拢平行斜放一侧，但是上半身一定要面对正前方，两手可交叉轻握放在腿上。如果双腿斜放左侧，手就放在右侧；相反地，如果双腿斜放在右侧，那手就放在左侧。

在隆重的场合，女性不要采用二郎腿的姿势。但是在一般场合或在场的客人比较熟悉可以偶尔为之。方法是先将左脚向左踏出约

45度角，然后将左腿放在右腿上；反之亦然，即先将右脚向右踏出45度角，然后将右腿放在左腿上。

2. 落座时的礼仪要求

女性应双膝并拢，也可根据选择合乎礼仪的坐姿，决定双腿正立或侧放，双肢并拢或交叠。

在他人面前落座时，应坐于座具的前端，避免频频变换坐姿而失礼。女性落座时，应先用手将裙子向前收拢而后落座，以避免落座后再站立起来整理衣裙，不要落座后靠身体的扭动调整裙摆。

3. 离座时的礼仪要求

起身离座时，动作应轻缓，不要弄响座椅或将椅垫、椅罩弄得掉在地上。如果可以的话，起身后，要从左侧离座。同"左入"一样，"左出"同样是一种礼节。

和别人同时离座，要注意起身的先后次序。地位低于对方时，应该稍后离座；地位高于对方时，可以首先离座；双方身份相似时，可以同时起身离座。

002 行姿优美，风度翩翩

古语说，"行如风"。古人既重坐相也重走相，甚至从姿势和速度上对行走进行分类：足进为"行"，徐行为"步"，疾行为"趋"，疾趋为"走"。不同场合采用不同走相，才符合礼仪的要求。在社交场合中，走路往往是最引人注目的体态语言，最能表现一个人的风度，行姿优美，可增添人的魅力。

对于职场女性来说，其行姿的礼仪是：上身正直不动，两肩相平不摇，两臂摆动自然，两腿直立不僵，步伐从容矫健，步态平稳轻松，步幅适中均匀，两脚落地一线。虽不一定要做到古人要求的"行如风"，至少也要做到不慌不忙，稳重大方。

1. 行姿的具体要求

直线前进

在行进时，要克服身体的左右摇摆，使自己腰部至脚部始终保持以直线的形状进行移动，双脚两侧行走的轨迹，大体上应呈一条直线。具体的方法是：行走时应以脚尖正对前方，所走的路线形成一条直线。

重心落前

在行走时,身体应稍向前倾,身体的重心应落在反复交替移动的前脚脚掌上。在行走过程中,应注意使身体的重心随着脚步的移动不断向前移,切勿让身体的重心停留在自己的后脚跟。

步幅适度

步幅指的是人们每走一步时,两脚之间的正常距离。步幅的大小因人而异,一般而言,一脚迈出落地后,脚跟离另一只脚脚尖的距离恰好等于自己的脚长。即男子每步约40厘米,女子每步约36厘米。

速度均匀

行走的姿态应以端正的站姿为基础,两腿有节奏地向前交替迈步,速度要均匀,要有节奏感。在一定的场合,一般应当保持相对稳定的速度。一般而言,女性行走的速度为每分钟118～120步。应根据场合的不同适度调整行走速度。

造型优美

行走时要面朝前方,头部端正,胸部挺起,要背部、腰部避免弯曲,使全身形成一条直线。双肩应平稳,两臂自然地、一前一后地、有节奏地摆动。摆动的幅度以与身体哠30度角左右为佳。

2. 不同情境下的行姿要求

关于行姿,除了要牢记"应该怎么做"之外,还应了解一些特殊情境下的行姿规范。

陪同引导来宾时

陪同来宾时，如果双方并排行走，陪同人员应居于左侧；如果双方单行行走，要居于左前方约一米左右的位置。当被陪同人员不熟悉行进方向时，应该走在前面、走在外侧。

在行进中引导来宾时，要尽量走在宾客的左侧前方，髋部朝着前行的方向，上体稍向右转，左肩稍前，右肩稍后，侧身向着来宾，并与其保持两三步距离，需用右手做引导手势。

在与他人告别时

应该向后退两三步，再转身离去。退步时要脚擦地面，不要高抬小腿，退步的幅度要小，两腿之间距离不要太大。转身时要先转体后转头，否则没转体先转头或者头与体同时转均是不礼貌的表现。

上下楼梯时

上下楼梯时，要坚持"右上右下"原则。上下楼梯、自动扶梯的时候，都不应该并排行走，而要从右侧上。减少在楼梯上的停留，不要停在楼梯上休息、站在楼梯上和人交谈。注意礼让别人，不要和别人抢行；出于礼貌，可以请对方先走。当陪客人上楼时，陪同人员应该走在客人的后面；如果是下楼，陪同人员应该走在客人的前面。

进出电梯时

进出电梯时，应该侧身而行，免得碰撞别人。进入电梯后，要尽量站在里面。人多的话，最好面向内侧，或与别人侧身相向。下电梯前，应该提前换到电梯间门口。

当陪同引导别人时，如果乘的是无人操控电梯，自己必须先进后出，以方便控制电梯；如果是有人操控的电梯，应当"后进后出"。当在乘电梯时碰上了并不相识的来访客人，要以礼相待，请对方先进先出。

出入房门时

出入房门，务必用手来开门或关门。开关房门时，最好是反手关门、反手开门，并且始终面向对方。和别人一起先后出入房门时，为了表示自己的礼貌，应当自己后进门、后出门，而请对方先进门、先出门。陪同引导别人时，自己有义务在出入房门时替对方拉门或是推门。在拉门或推门后要使自己处于门后或门边，以方便别人的进出。

3. 不同着装的行姿要求

职场女性所穿服装不同，行姿也应该有所区别。一般而言，行走中既要符合礼仪规范，又要充分展现服装的特点。

003 使用恰当手势为表情达意加分

俗话说："心有所思，手有所指。"手的魅力并不亚于眼睛，甚至可以说手就是人的第二双眼睛。手势表达的含义非常丰富，是举止仪态礼仪中最丰富、最有表现力的。恰当地运用手势来表情达意，不仅可以强调关键性语句，还能为自身的形象增辉。

不同的手势所构成的手势语不同，尽管其千变万化，但还是有一定的规律可循。在职场中，常见的手势语有以下几种。

1. 横摆式手势语

具体做法：将五指伸直并拢，手掌自然伸直，手心向上，肘微弯曲，腕低于肘。以肘关节为轴，手从腹前抬起向右摆动至身体右前方，并与身体正面呈45度角时停止。

适用情况：在职场中表示"请""请进"时用此手势语。同时，脚站成右丁字步，头部和上身微向伸出手的一侧倾斜，另一只手下垂或背在背后，目视宾客，面带微笑。

2. 斜摆式手势语

具体做法：手先从身体的一侧抬起，到高于腰部后，再向下摆去，使大小臂呈一斜线。

适用情况：请客人就座时，手势应摆向座位的地方，可使用斜摆式手势语。

3. 直臂式手势语

具体做法：将手指并拢，掌伸直，屈肘从身前抬起，向应到的方向摆去，摆到肩的高度时停止，肘关节基本伸直。

适用情况：需要给宾客指方向时，可采用直臂式手势语。

4. 双臂横摆式手势语

具体做法：将两手从腹前抬起，手心向上，同时向身体两侧摆动，摆至身体的侧前方，上身稍前倾，微笑施礼，向大家致意，然后退到一侧。

适用情况：当来宾较多时，表示"请"可以动作大一些，这时候可采用双臂横摆式手势语。

5. 前摆式手势语

具体做法：将五指并拢，手掌伸直，自身体一侧由下向上抬起，以肩关节为轴，手臂稍屈，到腰的高度在身前右方摆到距身体15厘米处时停止。

适用情况：如果右手拿着东西或扶着门时，这时要向宾客做向右"请"的手势时，可以用前摆式手势语。

此外，在不同的国家和地区，由于文化习俗不同，手势语的含义也有很多差别，甚至同一手势语表达的含义会大相径庭，使用时要特别注意。

004 眼神交流，不胆怯不冒犯

古人说："人身之有面，犹室之有门，人未入室，先见大门。"现代心理学家总结出一个公式：感情的表达＝言语（7%）+声音（38%）+表情（55%）。由此可见，表情在人与人之间的感情沟通上占有相当重要的地位。

表情中起主导作用的是眼睛，它能表达出人们最细微、最精妙的内心情感。从一个人的眼睛中，往往能看到他的整个内心世界。在职场中，用眼睛表情达意时，必须注意以下几个礼仪方面的问题。

1. 注视时间的长短

眼睛是心灵的窗户，即便是瞬间的眼神，也能反映出大量的信息。一个良好的交际形象，目光是坦然、亲切、和蔼、有神的。在与人交谈时，目光应该注视对方，不应该躲闪或游移不定。职场女性在与人交谈的过程中，为什么有的人让人感觉舒服，而有的人则令人不自在，甚至不愿意与其交往，这主要与注视的时间长短有关。

在职场交往中，如果谈话时心不在焉，总是东张西望，或不敢正视对方，目光注视时间不到整个谈话的1/2，那是不容易取得对方信任的，交谈也很难顺利进行下去。

职场女性在与初次见面的人交谈时，不可长时间地盯着对方的眼睛，以免引起对方的不安。如果感觉与对方谈得很投机，你可以一直看着对方，引起他的注意，使其意识到你很乐意与他交往。如果两个人很熟悉或者很谈得来，在整个谈话过程中，目光与对方接触累计应达到全部交谈过程的3/5。

需要注意的是，人际交往中诸如呆滞的、漠然的、疲倦的、冰冷的、惊慌的、敌视的、轻蔑的、左顾右盼的目光都是应该避免的，更不要对人上下打量、挤眉弄眼。

2. 注视部位的恰当

交谈时，注视对方部位的不同，传达的信息也有所区别。不同的场合，不同的交际对象，目光所及之处应有所差别。

洽谈、磋商、谈判等正式场合，职场女性注视的位置应在对方脸部，以双眼为底线，上到前额的三角部分。这样给人一种严肃、郑重的感觉，对方会认为你对工作认真负责、有诚意，同时也很看重对方，你就会把握谈话的主动权和控制权。

职场女性若是出席宴会、茶话会、舞会等各种社交场合，目光注视的位置在对方唇心到双眼之间的三角区域。这种注视会令人感到舒服、轻松自然，让人感到你有礼貌。如果是亲人之间、恋人之间或家庭成员之间，注视的区域应在对方双眼到胸之间，这种亲密注视在气氛上比较缓和。

一般情况下，俯视常带有权威感，有轻视人的意思；仰视则表示尊敬和景仰对方。所以，职场女性在与人交往时，尽量不要站在高处俯视别人，站立或就座应选择较低之处，自下而上地仰视别人，尤其是面对长辈、上司和贵宾时。

职场女性与两个人或两个以上的人交谈时，不要只看着与自己谈得来或自己熟悉的人而冷落了其他人。即使是和高位尊者共处时，也应当适当地与随员或下属进行眼神交流。当面对的客人有男有女时，谈话要"一视同仁"，这样既是礼貌的表现，又能做到有效沟通。

3.不同注视方式的含义

交谈时要将目光转向交谈人，以示自己在倾听，这时应将目光放虚，相对集中于对方某个区域上，切忌死盯对方眼睛或脸上的某个部位，这通常会引起对方的不满。注视别人有多种方式，不同的方式代表不同的含义。

005 发挥笑容悦人悦己的正能量

表情是人类的第一语言，它真实地反映着人们的思想、情感以及其他一切方面的心理活动与变化，它比语言更加直观、可信，其中尤以笑容应用最为广泛。笑容是一种令人感觉愉快的、既悦己又悦人的、发挥正面作用的表情，也是职场女性在人际交往中的一种润滑剂，它能够有效缩短双方的心理距离，为进一步深入沟通与交往创造良好条件。

1. 笑的种类

大多数的笑是善意的，但也有失礼、失仪的笑。根据职场女性在社交场合的实际需要，一般以含笑、微笑、轻笑最为常见，并以微笑最受欢迎。

2. 微笑，职场交往的润滑剂

一个大公司的人事经理经常说："一个拥有纯真微笑的小学毕业生，比一个脸孔冷漠的哲学博士更有用。"因为微笑是一个人的基本素质，也是公司最有效的商标，比任何广告都有力，只有它能深入人心。

微笑是社交场合中最富吸引力、最令人愉悦，也最有价值的面部表情。在交往中，微笑有非常深刻的内涵。微笑着接受批评，显示你承认错误但不诚惶诚恐；微笑着接受荣誉，说明你充满喜悦但不骄傲自满；遇见上司，给一个微笑，表达了你的尊敬；给客户一个微笑，表示你的友好和值得信赖。

职场女性在社交场合中难免接触或置身于陌生的环境，如果板起一张冰冷的面孔，对沟通和交流是极其不利的。我们完全可以换一副表情，不要那种冷冷的傲慢的表情，微笑一下，岂不是更好吗？微笑如春风，使人感到温暖、亲切和愉快，它能给彼此的交谈带来更加融洽平和的气氛。

应该注意的是：微笑一定要发自内心、亲切自然。只有发自内心的微笑才富有魅力，让人愉悦欢心。不要为了讨好别人故作笑颜、满脸堆笑。再者，并不是什么场合都要微笑的，在参加追悼会、扫墓或非常严肃庄重的场合，就不可以微笑了。

3. 注意笑的禁忌

笑的种类很多，有些笑是不礼貌、不符合礼仪规范的。无论是在职场中还是一般的场合，它们是不应该出现的。

忌冷笑。冷笑是含有怒意、讽刺、不满、无可奈何、不屑、不以为然等意味的笑。这种笑容易使人产生敌意。

忌怪笑。怪笑即笑得怪里怪气，令人心里发麻。它多含有恐吓、嘲讽之意，令人十分反感。

忌媚笑。媚笑是指有意讨好别人的笑。它亦非发自内心，而来自一定的功利性目的。

忌窃笑。窃笑指偷偷地笑，多表示扬扬自得、幸灾乐祸或看他人的笑话。

PART 3
有礼有节，职场礼仪彰显个人涵养

> 在职场中，礼貌的接人待物，代表着企业组织的形象，同时也可以看出个人的素质和涵养。一个优雅的女人，一定是一个懂礼数的女人，因为有礼有节的女人才最聪明、最可爱、最有魅力。

001 好礼仪让见面有个良好开端

职场中，为了表达双方的敬意，见面时要使用一些见面礼，如握手、介绍等，它意味着双方社交活动的正式开始。由于民族、地域、习惯、时代的差异，人们的见面礼也各式各样、形形色色。下面介绍几种职场礼仪中最常见的见面礼。

1. 鞠躬礼

鞠躬礼是尊敬对方的礼貌动作。一般情况下，在下级对上级、服务人员对宾客、初次见面的朋友之间、欢送宾客及举行各种仪式时使用。在我国，主要用于演员谢幕、讲演和领奖、举行婚礼和悼念活动等场合。

我国比较正式的鞠躬礼分为以下两种。

一鞠躬

礼仪要点：行礼时，身体上部向前倾斜约15度角，受礼者随即还礼。但长辈对晚辈、上级对下级，不鞠躬，只需欠身点头即表示还礼。上身倾斜的度数越大，表示行礼者地位越卑微，或者对受礼者有所求，因此在社交场合中不要行90度角的鞠躬礼。

适用范围：一鞠躬的适用范围比较广泛，比如初次见面的朋友之间、上级与下级之间、晚辈与长辈之间、演讲者与听众之间、主人与客人之间、演员与观众之间，都可以用一鞠躬。

三鞠躬

礼仪要点：鞠躬前，先脱帽或摘下围巾，然后身体立正，目光平视；鞠躬时，身体上部向下弯约90度，然后即恢复原状，这样连续三次。施礼时，应注意庄重和严肃。

适用范围：通常只有在参加追悼会或葬礼时才施三鞠躬礼。

2. 拥抱礼

行拥抱礼时，两人相对而立，上身稍稍前倾，各自右臂偏上、左臂偏下，右手环拥对方左肩部位，左手环拥对方右腰部位，彼此头部及上身都向左相互拥抱，然后头部及上身向右拥抱，最后再向左拥抱一次。拥抱礼多用于官方、民间的迎送宾客或祝贺致谢等社交场合。

3. 鼓掌礼

鼓掌礼一般表示欢迎、祝贺、赞同、致谢等。行鼓掌礼时，双手合拍，自然热烈，不要戴手套，不要忘形、使劲地鼓掌。如果是在观看文艺演出时，应在节目开始前或结束后才鼓掌。

4. 脱帽礼

行脱帽礼时，有很多细节问题需要注意。若在室外行走中与友人迎面而过，只要用手把帽子轻掀一下即可。要停下来与对方谈话，则一定要将帽子摘下来，拿在手上，等说完话再戴上。男士向女性行脱帽礼，女性应以其他方式向对方答礼，如点头致意，但男士是必行脱帽礼的。

002 握手礼仪，简约而不简单

一位著名形象设计师说："握手对双方的接触来说虽然只有几秒，却很清晰地传递出你是否理解了商业礼仪背后的含义，即相互尊重。"在各种场合能轻松自如地与相识的或陌生人握手，是现代社会中每个人都应该学会的一种礼节。

作为一个细节性的礼仪动作，职场女性有必要了解握手的四个要素，以便自己在职场交往中不会因小失大。很多时候，细节决定成败。

1. 握手的时机

对久别重逢的熟人，相见时应热情握手，以表问候、高兴和关心。

在比较正式的场合与相识之人告辞时，应握手道别。

邀请客人参加活动，告别时，主人应与所有客人一一握手，以谢光临。

在拜访上司、同事或客户之后辞行时，握手表示再见之意。

被介绍与人相识时，与对方握手表示与之相识很高兴。

在外面偶遇同事、朋友、客户或上司时，握手表示高兴。

他人支持、鼓励或帮助你时，应握手致谢。

参加友人、同事或上下级的家属追悼会，离别时应与其主要亲属握手，表示劝慰节哀之意。

应邀参与社交活动道别时，与主人握手以示感谢。

在他人获得新成绩、得到奖励或有其他喜事时，与之握手表示祝贺。

当他人向自己赠送礼品或颁发奖品时，握手以表示感谢。

2. 握手的掌势

握手时，掌心向上是谦恭和顺从的象征；掌心向下，显得傲慢，似乎有一种支配欲和驾驭感，下级对上级、晚辈对长辈使用这一手势显然是失礼的；若双方手掌均呈垂直状态，意为两人都想使对方处于顺从地位，而自己处于支配地位。在涉外场合，双方手掌均呈垂直状态，意为地位平等。

3. 握手的次序

在职场中，握手时伸手的先后次序主要取决于职位、身份；在社交、休闲场合，主要取决于年纪、性别、婚否。一般而言，主人、长辈、上司、女性主动伸出手，客人、晚辈、下属、男士再相迎握手。例如：

遇到上级或长辈时，你不必忙着伸手，当对方伸出手时，你再伸手也不迟；当对方是下级或晚辈时，你就成了上级或长辈，你应热情主动地把手伸过去。

客人来访时主人先伸手，以表示热烈欢迎；告辞时，待客人先伸手后，主人再伸手与之相握，否则有逐客的嫌疑。

男士和女性之间，绝不能男士先伸手，这样有失礼貌。如果男士先伸出手，女性一般不要拒绝，以免造成尴尬的局面。

已婚者与未婚者握手，应由已婚者首先伸出手来。

社交场合的先至者与后来者握手，应由先至者首先伸出手来。

当一人与多人同时握手时，可按由近及远的顺序依次进行；在社交场合握手时应按照顺时针方向进行。

4. 握手的力度

握手力度应适中，以不握疼对方的手为限度。如果与人握手时不用力，会使对方感到你缺乏热忱与朝气；也不可以拼命用力，否则会有示威、挑衅的意味。

老同事、老朋友之间为了表示热情友好，应当稍许用力，即使握得对方隐隐发疼，也只会换来一片欢声笑语。

另外，职场女性在握手时，还要注意以下事项。

握手时，除了手上的动作与身段的配合外，还应以脸上的表情予以配合。握手时态度要自然，面带微笑，精神集中。

向他人行握手礼时应起身站立，不要坐着与人握手，以示对对方的尊重。如果两人都坐着，可不用起立，只需上身微倾与对方握手即可。

如一方伸出手来，另一方则应作出回应，不宜反应迟钝，半天才伸手，这样会使对方陷入尴尬境地。因此，握手之前要审时度势，留意握手信号。

握手时，应该伸出右手，绝不能伸出左手，伸出左手是失礼的。特别是有的国家、区域忌讳使用左手握手。在特殊情况下不能用右手相握应说明原因并致歉。

003 别让自我介绍失掉分寸

在职场中，如何给人留下美好的印象呢？自我介绍便是其中一项修炼，它把你自己用简洁或风趣的语言包装一番之后，推销出去。从某种意义上说，自我介绍是职场交往的一把钥匙。因此，职场女性掌握正确的自我介绍礼仪是非常必要的。

1. 自我介绍的时机

自我介绍是推销自身形象和价值的一种方法。在职场中，如遇到下列情况时，自我介绍是很有必要的。

社交场合中遇到你希望结识的人，又找不到适当的人介绍时。

当对方忘记自己的名字时。

电话约某人，而又从未与这个人见过面。

与不相识者相处一室。

不相识者对自己很有兴趣。

他人请求自己做自我介绍时。

在聚会上与身边的陌生人共处。

求助的对象对自己不甚了解，或一无所知。

前往陌生单位，进行业务联系时。

在旅途中与他人不期而遇而又有必要与人接触时。

初次登门拜访不相识的人。

发表职场演讲、发言前。

2. 自我介绍的方式

由于所处场合、环境的不同，自我介绍的方式也有所不同。职场女性应该根据实际需要选择合适的介绍方式。

3. 把握好自我介绍的分寸

在职场中，由于人际沟通或业务上的需要，时常要做自我介绍。职场女性如果说不清或不能恰当说明自己的身份和来意，往往会造成尴尬的场面。可见，自我介绍看似简单，其实大有讲究，需要你把握其中的分寸。

进行自我介绍时，一定要力求简洁，尽可能地节省时间。一般情况下，半分钟左右为最佳，如无特殊情况最好不要长于一分钟。在作自我介绍时，可利用名片作辅助，以提高效率。

自我介绍应在适当的时候进行。进行自我介绍，最好选择在对方有兴趣、有空闲、干扰少时，如果对方正忙于与别人说话，切不可随意打断别人的谈话，这时可点头致意后在一旁等待。

进行自我介绍时，语速要适中，表情要亲切自然。介绍时，整体上讲求落落大方，笑容可掬。不要显得不知所措、面红耳赤，或随便、满不在乎，也不要语气生硬冷漠、语速过快过慢，或者语音含糊不清，这样都会严重影响自我形象。

在进行自我介绍时，应该实事求是，既不要拔高自己也不要贬低自己。过分谦虚，一味贬低自己去讨好别人，或者自吹自擂、夸大其词，都是不能得到别人的好感和信任的。介绍用语不宜用"最""极""特别""第一"等表示极端的词语。

004 职场接待前做好准备工作

随着企业业务往来的增加、对外交往面的扩大，企业的接待工作越来越重要。为了表现出良好的礼仪及风度，为了表示己方的热情和重视，在宾客到来之前，需有充分的计划及准备。

1. 了解客人情况

来访的客人，有的是主动而至，有的是接受本企业的邀请而至。不论客人是主动的还是被邀请的，职场女性都应了解他们的基本情况，以便进一步做好接待工作。

一般而言，需要了解的客人情况包括：来访的目的、要求；来宾的人数、姓名、性别、职务；来访路线、交通工具，抵达和离开的具体时间；会谈的内容，参观的项目；来宾的生活习惯、个人爱好、饮食禁忌等。

2. 确定接待规格

接待规格的高低主要表现在安排活动的多少、场面规模的大小、招待的档次、迎送陪同人员职务的高低等方面。

确定接待规格应根据来访客人的身份、到来的目的、性质、时间长短以及本单位的情况等综合因素考虑。

3. 做好日程安排

日程安排的项目，具体应包括迎送、宴请、会见、会谈、晚会、参观、下榻宾馆等。日程力求详细具体、一目了然，确定后，应译成来访客人使用的文字，打印好，以供双方使用。在做日程安排时，职场女性还应考虑到来访客人的愿望、风俗习惯、宗教信仰等。

4. 准备好相关材料

当客人到来之前，应先将各种相关资料配备妥当，不可在客人已经来了才慌慌张张地找寻，这样会给人一种不专业的印象，并被认为缺乏对客人的尊重。

通常，需要准备的相关材料包括公司的宣传简介、餐厅的菜单、商店销售的商品及使用说明等。为帮助客人尽快熟悉当地环境，可准备一些有关资料提供给客人查阅，如城市简介、交通图、游览图等。

此外，还必须备有充足的介绍本公司机构、历史、宗旨、服务项目等资料的宣传品，以便随时赠送给客人。

5. 办公室环境艺术

办公室是具有接待职能的职场组织机构，它是联结职场组织与公众关系的枢纽，也是体现职场组织管理水平和精神面貌的窗口。接待工作一般在办公环境中进行。办公室接待，是塑造职场组织形象、搞好职场公共关系的重要一环。

对于有条件的公司来说，可在办公室旁附设接待室。接待室分中式、西式两种，中式一般洁净、朴实、方便，具有传统文化等风格；西式接待室一般要求光线和色彩的柔和、深沉、高雅、豪华格调，室内应配备必要的通信设施、音响设备、宣传资料、接待用品。无论中式还是西式，接待室都要注意空气清新，保持适宜的室温和湿度。

6. 相关设备的准备

接待来访者的地方应备一部电话，以便接待中在谈及有关问题需要询问其他部门时，可立即打电话。一台复印机也是必不可少的，以便当来访者索求有关资料时，或主动提供有关资料时能及时应付。

接待办公室除了安放一般办公家具、文具用品之外，还应有存放各种档案资料的柜子，用以存放员工生日、籍贯、工资、家庭情况的档案、公司股东、客户来信和其他档案等。

除此以外，挂一面镜子，提醒工作人员随时整理自己的发型、衣饰，以保持整洁优雅的仪表和风度。

005 职场接待礼节有哪些

礼貌待客一直是中华民族的传统美德。随着社会的进步，在人际交往中，人们接待行为的一些规范、准则也不断丰富、发展和变化。在经济发展的今天，接待礼仪在职场活动中的作用不可忽视。

1. 迎客的礼节

接待客人时，职场女性要随时记得"顾客至上"。在前台接待客人的原则是"别让客人久等"，如果已确定由内部接见，前台人员应引导客人到会客室，正确的做法是跟客人说："让我带您到会客室好吗？"然后在前面领路。

在接待客人时，可能需要经过公司的不同场所，职场女性应该留意以下几点。

走廊

在通过走廊时，自己应走在客人前面两三步的地方。让客人走在走廊中间，转弯时先提醒客人："请往这边走。"

楼梯

先告诉客人去哪一层楼，上楼时让客人走在前面，一方面确保客人的安全；另一方面使自己不能站得比客人高，以显示自己的谦逊。

电梯

必须主导客人上、下电梯。首先必须先按电梯按钮，如果只有一位客人，可以以手压住打开的门，让客人先进；如果人数很多，则应该先进电梯，按住开关，先招呼客人，再让公司的人上电梯。出电梯时刚好相反，按住开关，让客人先出电梯，自己再走出电梯。如果上司在电梯内，则应让上司先出，自己最后出电梯。

2. 待客的礼节

对来访客人，无论职位高低、是否熟悉，都应一视同仁，热情相迎，亲切招呼。如果客人突然造访，也要尽快整理一下房间、办公室或书桌，并对客人表示歉意。

当客人来访时，职场女性应该主动从座位上站起来，引领客人进入会客厅或者公共接待区，并为其送上茶水或者饮料，如果是在自己的座位上交谈，应该注意声音不要过大，以免影响周围同事。与访客谈论工作时，必须陈述肯定的事实，不带臆测，只讲必要的话。

客人到达，如果是长者、上级或平辈，应请其坐上座，主人坐在一旁陪同；如果是晚辈或下属，则请客人随便坐，但都应委派家人或下属送茶。

如果客人想见的人不在，要先向客人致歉，即使他没有事先约好，也不可以怠慢，并问他是否可以由代理人出来见面，或者请他留下联络电话。如果被指定的人不方便见客，可以用会议或正在会客为由，询问对方是否可以由他人代理。

交谈中，应不时地为客人续茶。如果客人到达时正好是吃饭时间，应该请客人用餐或留餐。如果客人远道而来，则尽力安排住宿。

如果前来的客人人数很多，应留意现场秩序的维持，也就是秉持"先到先受理"的原则。对已经轮到的客人应有礼貌地招呼，说出："下一位，请。"如果你能有秩序地应对，客人也就不会做无礼的举动。

3. 职场接待的注意事项

不速之客来访总是有目的的，或者是探讨问题，或者是交换信息，或者是希望得到帮助、解决困难。为此，主人不能讨厌不速之客，多给不速之客以体谅，热情招待，并了解其来意，尽力满足其要求。

与客人交谈时不要有意无意地总是看表，这样很容易被对方误解为下逐客令。

与多人交谈时，要照顾到在场所有的人，不能只与一两个人谈；有要事需与某个人说话，应等别人把话说完，不宜随便打断别人；发现有人想与自己说话，应主动询问，并表示愿意交谈。

主人不能根据自己的好恶而下逐客令，而应该采取一些合乎礼仪的做法，要热情而不失礼节。此外，对于自己能办到的事情应尽力而为，热情主动，要婉转而不失身份。

006 职场拜访从细节取胜

职场拜访礼仪对于业务往来、企业形象都非常重要。在拜访的过程中，拜访者的神态表情、谈吐举止将直接影响到拜访的效果。所以，文明礼貌的语言和优雅得体的举止是职场拜访的永恒要求。具体来说，职场女性要了解并掌握以下一些有关拜访的知识，这样，拜访才能得心应手、事半功倍。

1. 了解拜访的种类

一般拜访

因为现代人都有自己的生活、事业圈，不欢迎其他人冒昧访问，如果需要拜访，应通过电话、口信、书信等事先约定拜访的时间。

请教拜访

请教拜访的对象一般都是长者，或者是地位较高、学识较丰富的人。拜访前应写信或打电话说清要请教的问题，以便对方有所准备，然后再询问对方什么时候比较方便。拜访时，要比约定时间提前几分钟，请教时要态度诚恳，提问要言简意赅，听解答时要认真，对方解答之后要表示感谢，交谈结束后应及时告辞，以免影响对方的工作和休息。

探视拜访

探望病人应带礼品,以有利于病人康复为原则。可以根据具体情况选购一些有利于康复的食品,或者送一些轻松消遣的书、幽默风趣的漫画、优雅动人的音乐磁带和芳香的鲜花。

突然造访

如果因急事来不及预约,也可以突然造访。但突然造访更应注意,一是见到对方后应首先致歉,向对方说明自己没能预约的原因,尽量取得对方的理解。

2. 职场拜访的礼节

成也细节,败也细节。在职场拜访中,有很多细小的礼节需要注意。

守时

如果临时遇到紧急的事情需要处理,或者遇到交通阻塞,你应立刻通知要拜访的人。如果打不了电话,请别人替你通知一下。如果是对方要晚点到,你要充分利用等候的时间。例如坐在一个离约会地点不远的地方,整理一下文件,或问一问接待员是否可以利用接待室休息一下。

安静等待

当你到达时,被拜访的人正在忙别的事。这时,要安静地等待,不要通过谈话来消磨时间,这样会打扰别人工作。尽管你已经等了十几分钟,也不要不耐烦地频频看手表或走来走去,可以问助理他的上司什么时候有时间。如果等不及，可以向助理解释一下并另约时间，说话一定要礼貌，即使你很不满。

敲门或按门铃

拜访时，切不可擅自闯入拜访对象的办公室，要先敲门或按门铃，在被允许进入或者对方出来迎接时才可进去。

敲门时，用力要均匀，声音不可过大，也不可过小，太大会让对方认为你不礼貌，而过小可能对方根本听不到。按门铃也是一样，不可过于急躁，应在按一声之后等待一会儿，如果长时间没有回应可再继续按。

礼貌交谈

在拜访时，时间对双方来说都很宝贵，你要尽可能快地让谈话进入正题，然后清楚直接地表达你的意思，不要讲无关紧要的事情。说完后，让对方发表意见，并要认真地听，不要辩解或不停地打断对方讲话。你有其他意见的话，可以在他讲完之后再说。

彬彬有礼

如拜访对象是年长或身份高者，应待主人坐下或招呼坐下以后方可坐下；对主人委派的人送上的茶水，应从座位上欠身、双手接过，并表示感谢；吸烟者应尽量克制，实在想抽时，应先征得主人和在场女性的同意。

物品搁放

如果在拜访时带有礼品或随身带有外衣和雨具等物品时，应该搁放到主人指定的地方。如果无指定的地方，可在征求主人的意见后，按主人的意见放置，不可乱扔、乱放。

把握辞行机会

在与拜访对象交谈的过程中，如果发现他心不在焉，或时有长吁短叹，说明他心情烦躁，或有急事想办又不好意思下逐客令。这时，应适时、礼貌地提出告辞。

在交谈时，如果另有新的客人来访，一定是有事而来。这时，即使你们谈兴正浓，也应在同新来者简单地打过招呼之后，尽快地告辞，以免妨碍他人。

礼貌辞行

告辞应由客人提出，态度要坚决，行动要果断，不要嘴上说"该走了"却迟迟不动身。辞行时，应向被拜访者以及在场的客人一一握手或点头致意。会谈完毕亦要留心小节，让对方印象更佳。如离开前先把椅子放回原位，这是有教养的表现。

007 成功拜访客户的准备与技巧

对于职场女性来说,职场往来是必不可少的。与交往对象面对面地沟通是促成职场成功的第一步,那么如何才能够做好职场拜访呢?首先,做好职场拜访的准备工作。

1. 确定拜访的时间

正式的拜访应该充分考虑到对方是否方便,应尽量在对方容易接受的时间拜访,这样也会使得拜访效果最大化。在决定拜访时,要选择一个恰当的时间,事先征得拜访对象的同意,所以预约就变得尤为重要。

无论到居室、办公室或者宾馆,都要事先与被拜访者取得联系,约好拜访的时间和地点。进行预约的方式有:当面向对方提出约见要求,用电话向对方提出约会和用书信提出约会。不预约而临时拜访在职场拜访中是十分不合适的。因为,在你突然拜访时,对方可能在忙或者不便。

非正式的拜访时间应选择在节假日的下午或平时的晚饭以后,避免在对方吃饭、午休或临下班的时间。更不要在对方临睡的时候去拜访,以免影响对方的休息,引起对方的反感与不满。

2. 准备拜访的内容

中国有句古话"无事不登三宝殿",拜访都有一定的目的性。如需要商量什么事情,恳请对方做哪些工作等。怎样交谈更为妥当,怎么才能达到拜访的目的,事先要认真地设想和安排一下,并预想可能出现的意外情况以及对策。这样,拜访时你才能胸有成竹,自信沉着,不慌不忙,显得专业而有水准。

如果是拜访身份高者或年长者更要注意谈话的方式。如看望老人、病人或走亲访友、拜见上司需要哪些礼品,也要事先准备妥当。

3. 成功的拜访形象

第一印象有时会成为永久的印象。职场女性在拜访时,应该十分重视自我形象,这也是促使拜访成功的重要因素。拜访形象主要有以下几个方面。

外部形象

服装、仪容、言谈举止乃至表情动作上都力求自然、大方,以保持良好的形象。

控制情绪

不良的情绪是影响成功的大敌。在拜访过程中,无论出现什么情况,要学会控制自己的情绪,制造一种愉悦的气氛。

诚恳态度

"知之为知之,不知为不知",应该对所说的话负责,持一种诚恳的态度,以免因自己的谎言而出现尴尬场面。

投缘关系

应该尽量了解对方的习惯、爱好，清除对方心理障碍，建立起投缘关系，至此就等于建立了一座可以和对方沟通的桥梁。

4. 成功拜访的技巧

开门见山，直述来意

初次和客户见面时，在对方没有接待其他拜访者的情况下，职场女性可用简短的话语直接将此次拜访的目的向对方说明：比如向对方介绍自己是哪个产品的生产厂家（代理商）；是来谈供货合作事宜，还是来开展促销活动；是来签订合同，还是查询销量；需要对方提供哪些方面的配合和支持等。

突出自我，赢得注目

有时，职场女性一而再、再而三地去拜访某一家公司，对方却很少有人知道他是哪个厂家的、叫什么名字、与之在哪些产品上有过合作。此时，职场女性在拜访时必须想办法突出自己，赢得客户及大多数人的关注。

职场女性可以利用名片来加强对方对自己的印象，还可以在发放产品目录或其他宣传资料时，在显著的地方标明自己的姓名、联系电话等主要联络信息，并以不同色彩的笔迹加以突出；或者销售员可以以操作成功的、销量较大的经营品种的名牌效应引起客户的关注。

察言观色，投其所好

拜访客户时，常常会碰到这样一种情况：对方不耐烦、不热情地对我们说："我现在没空，我正忙着呢！你下次再来吧。"面对这样的情况。职场女性要判断客户是否真的如他所说，如果是，职场女性可以在一边帮忙，与客户融为一体、打成一片；要有无所不知、知无不尽的见识。如果只是客户心情不好，最好是改日再去拜访，不要自找没趣。

明辨身份，找准对象

职场女性要弄清对方的真实"身份"，弄清他到底是采购经理、销售经理、卖场经理、财务主管，还是一般的采购员、销售员、营业员、促销员。再根据不同的拜访目的对号入座，去拜访不同职位（职务）的人。

端正心态，永不言败

客户的拜访工作是一场概率战，很少能一次成功，也不可能一蹴而就、一劳永逸。职场女性既要总结拜访失败的原因，还要锻炼出对客户的拒绝"不害怕、不回避、不抱怨、不气馁"的"四不心态"，这样就可以离客户拜访的成功又近了一大步。

008 迎送工作的方法与禁忌

好的开场似一束鲜花，带给人愉快的心情；精彩的告别如芬芳的美酒令人回味。迎来送往是职场中常见的礼节。客人来时，要热情礼貌地迎接；客人走时，要婉言相留、礼貌相送，这是情谊流连的自然显示，是职场交往中的必备礼节，并非俗套与多余。

1. 迎接客人的礼节

"客户就是上帝"，迎接来宾要热情周到，具体要做好以下几件事。

掌握来客抵达的时间

必须准确掌握来客乘坐火车或其他交通工具抵达的时间，及早通知全体迎接人员和有关单位。如有变化，应及时通知。

由于天气变化等意外原因，飞机、火车等都可能不准时。这时，要想顺利地迎接客人，又不过多耽误参与迎接人员的时间，就要准确掌握抵达时间。迎接人员应在火车或其他交通工具抵达之前到达迎接地点。

献花欢迎

如安排献花，须用鲜花，并注意保持花束整洁、鲜艳，忌用菊花、杜鹃花、石竹花、黄色花朵。献花时，通常由儿童或女青年在与迎接的主要客人握手之后，将花献上。有的国家习惯送花环，或者送一两枝名贵的兰花、玫瑰花等。

介绍

来客与迎接人员见面时，互相介绍。一般情况下，先将前来欢迎的人员介绍给来客，可由其他接待人员介绍，也可以由欢迎人员中身份最高者介绍。

其他

迎接一般客人，主要是做好各项安排。如果迎接的客人是熟人，上前握手，互致问候即可；如果客人是陌生人又是初来乍到，接待人员应主动打听，主动自我介绍；如果迎接的是大批客人，应事先准备好特定的标志，以便客人容易看到，主动前来接洽。

2. 欢送客人的礼节

在职场中，如果我们迎宾热情送客却很冷淡，也会给客人留下不良印象。所以，送客礼节也不容忽视。

想要结束交谈时，一般不要直接下逐客令，这样会令对方难堪。可以通过一些身体语言来表达你的意思，如将胳膊肘抬起来或是双手支在椅子扶手上，这就是一种要结束交谈的身体语言。

替客人着想

在客人要走时，应暗中帮助他们检查一下，该带的东西是否都已带走；还有没有其他需要商谈、讨论的问题；等等。

为客人提供方便

欢送远程的客人时，要尽力为客人提供方便。例如，了解客人需要的返程车票或机票情况，尽可能为之提供购买的方便，如果自己实在无力解决，也要尽早通知客人，免得客人措手不及。当替客人代购车票或机票时，应问清车次、航班以及抵达时间等，并问清楚客人有哪些具体要求。

礼貌告别

要以恭敬真诚的态度，笑容可掬地送客。与客人在门口、电梯口或汽车旁告别时，要与客人握手，目送客人上车或离开，不要急于返回，应鞠躬挥手致意，待客人移出视线后，才可转身返回。

3. 迎送工作中的几项具体事项

迎送身份高的客人，可事先在机场（车站、码头）安排贵宾休息室，准备饮料。

迎送来自远方的客人时，如有可能，在客人到达之前将住房和乘车号码通知客人。如果做不到，可印好住房、乘车表，或打好卡片，在客人刚到达时，及时发到每个人手中，或通过对方的联络秘书转达。

客人来访通常会带礼品，主人应表示谢意，如"让您破费了"等，绝对不能漠视，或显出"理所当然"的样子。

客人抵达住处后，一般不要马上安排活动，应稍作休息，起码给对方留下更衣的时间。

在送客时，要走在客人的后面，在客人走时可挥手致意，道以"欢迎再来"如果是远客或年纪大的客人，如有需要（如路不熟、走路不方便等），应送到车站或码头。

当客人带有较多或较重的物品，送客时应帮客人代提重物。

009 小小乘车，座次大有学问

1. 正确的座次

职场女性在乘车外出，尤其是参加较为正式的应酬时，应注意保持自己应有的风度，行为表现彬彬有礼，对他人时时处处"礼让三先"。

职场礼仪规定：确定乘车的座次，应当通盘考虑的有：谁在开车、开的什么车、安全与否以及客人本人的意愿等。

谁在开车

何人驾驶车辆，是关系座次的头等大事。通常认为，座次应当后排为上座，前座为下座。这一规定的基本依据是，因为前排座即驾驶座与副驾驶座是最不安全的。然而，职场女性在应用这一规定时，对"谁在开车"的问题，却不可不闻不问。

在主人自己开车时，前排的副驾驶座为上座。车上若有其他人在座，一般不应当使之闲置。至少应当推荐一人为代表，坐在副驾驶座上作陪。如果明知故犯，除开车的主人之外，车上只有自己一个人，却偏要坐到后排去，那表示自己对主人极度不友好、不尊重。有时会让对方产生自己是专属司机的感觉，让对方觉得"待遇"不平等。

当主人夫妇开车接送客人夫妇时，如果是男主人驾驶，在其身旁的副驾驶座上就座的应当是女主人，客人夫妇应当坐在后排。

若主人一人开车接送一对夫妇，则男宾应当就座于副驾驶座，而请其夫人坐在后排。若前排可同时坐三人，则应请女宾在中间就座。

若主人驾驶轿车时，车上只有一名客人，则其务必坐于前排。若此刻车上的乘客不止一人时，应推荐其中地位、身份最高者在副驾驶座上就座。如果他于中途下车了，则应立即依次类推，"替补"上去一个，始终不能让该座位"空空如也"。

开的什么车

乘车的类型不同，其座次自然也就不尽一致，这是不言而喻的。

若乘坐双排轿车，不论是驾驶座居左还是居右，由专职司机开车时，座次应当是：后排上，前排下；右为尊，左为卑。具体而言，除驾驶座外，车上其余的四个座位的顺序，由尊而卑依次为：后排右座、后排左座、后排中座、前排副驾驶座。

由主人驾驶双排座车时，车上其余的四个座位的顺序，由尊而卑依次应为：副驾驶座、后排右座、后排左座、后排中座。

由专职司机驾驶三排七座车时，车上其余六个座位（加上中间一排叠椅的两个座位）的顺序，由尊而卑依次为：后排右座、后排左座、后排中座、中排右座、中排左座、副驾驶座。

由主人亲自驾驶三排七人座车时，车上座位的顺序，由尊而卑依次为：副驾驶座、后排右座、后排左座、后排中座、中排右座、中排左座。

由专职司机驾驶三排九人座车时，车上其余八个座位的顺序，由尊而卑依次为：中排右座、中排中座、中排左座、后排右座、后排中座、后排左座、前排右座（假定驾驶座居左）、前排中座。

安全与否

乘车外出，除了迅速、舒适之外，安全问题是不容忽视的。从某种意义上讲，安全问题应当被作为头等大事来对待。

客人本人的意愿

如果不是在某些重大的礼仪性场合，对于座次的尊卑不宜过分地墨守成规。总的来说，只要乘车者自己的表现合乎礼仪，就完全"达标"了。

应当说明的一点是，若宾主不乘坐同一辆车时，依照礼仪规范，主人的车应行驶在前，是为了开道和带路。若宾主双方的车辆皆非一辆，依旧应当是主人的车辆在前，客人的车辆居后。它们各自的先后顺序，亦应由尊而卑地由前往后排列，只不过主方应派一辆车殿后，以防止客方的车辆掉队。

2. 上下车礼仪

在上车前后，除了了解车上座次的主次外，还应当注意以下问题。

提前联系好车辆

通常，乘车外出之前，我们应提前进行联系。所需轿车的类型、数量、预定上车或会合的地点等，均须事先通报给司机。尤其是当搭乘他人的车辆时，更应当提前讲清楚，并准时在约定的地点等候。越是重要的场合，就越是要求参与者守时守约。无论何种原因，因为自己的迟到而让"车等人"，都是很不应该的。若因故不能如约，应提前告诉司机，不要让人家白跑一趟。

中途搭乘他人的车，应以不妨碍对方的正事为前提。

中途主动要求或应邀搭乘他人的车辆时，不要忘记向车主、司机或邀请自己的人当面道谢。上车之后，若碰上自己不认识的人，应主动打招呼。必要时，还须为对方受到自己的连累而道歉。下车时要说"再见"。

注意自己在上下车时的表现

在正常的情况下，与他人一起乘车时，上下车的先后顺序有着一定的规则。

如果当时环境允许，应当请女性、长辈、上司或嘉宾首先上车、最后下车。

若您一同与女性、长辈、上司或嘉宾在双排座轿车的后排就座的话，应请后者首先从右侧后门上车，在后排右座上就座。随后，应从车后绕到左侧后门登车，落座于后排左座。到达目的地后，若无专人负责开启车门，则应首先从左侧后门下车，从车后绕行至右侧后门，协助女性、长辈、上司或嘉宾下车，即为之开启车门。

乘坐有折叠椅的三排座轿车时，循例应当由在中间一排加座上就座者最后登车，最先下车。

乘坐三排九座车时，应当由低位者，即男士、晚辈、下级、主人先上车，并坐于后排或前排；而请高位者，即女性、长辈、上司、客人后上车，并坐于中排座。下车时，其顺序则正好相反。唯有坐于前排者可优先下车，拉开车门。

主人开车时，出于对乘客的尊重与照顾，应最后一个上车，最先一个下车。

女性在上下车时，动作应当"温柔"一点，不要动辄"铿锵作响"。上下车时，不要大步跨越，连蹦带跳，像是"跨栏"一样。穿短裙的女性，上车时，应首先背对车门，坐下之后，再慢慢地将并拢的双腿一齐收入，然后再转向正前方。下车时，应首先转向车门，先将并拢的双腿移出车门，双脚着地后，再缓缓地移出身去。

上下车时，应当注意对高位者主动给予照顾与帮助。

职场女性在上下车时需记得主动为领导或年长者开关车门。具体来讲，当领导或年长者准备登车时，其应当先行一步，以右手或左右两只手同时并用，为领导或年长者拉开车门。拉开车门时，应尽量将其全部拉开，即形成90度的夹角。下车时，可以先下车去帮助开门，以示敬重。其操作的方法与上车基本相同。

010 掌握基本的涉外礼仪

在与外国商务人员接触时，应该遵循一定的有关国际交往惯例的基本礼仪，即商务涉外礼仪。尤其是职场中的女性，必须了解其他国家的宗教、语言、文化、风俗和习惯，才能更好地与外国友人进行沟通交流，更好地、恰如其分地向他们表达我们的亲善友好之意。

所谓的职场涉外礼仪原则，是指我国职场女士在接触外国职场女士时，应当遵循并应用的有关国际交往惯例的基本原则。作为职场女士，既要了解掌握涉外礼仪基本原则，还要在工作中认真地遵守、应用涉外礼仪原则。

1. 信守时间

在人际交往中，应遵守"信守时间"的原则。

在跨国家、跨地区的人际交往中，取信于人，既是自我表现的一大目标，也是奠定交往对象彼此之间良好关系的基石。信守时间，遵守约定，是取信于人的一项基本要求。

信守时间应注意以下的问题。

在有关约见时间的问题上，不可以吞吞吐吐、含含糊糊、模棱两可。

与他人交往的时间一旦约定，即约会一经定立，就应千方百计予以遵守，而不宜随便加以变动或取消。

对于双方之间约定的时间，唯有"正点"到场方为得体。早到与晚到，都是不正确的做法。

在约会之中，不允许早退。

万一失约，务必尽早向约会对象通报，解释缘由，并为此向对方致歉。绝不可以对此得过且过，或者索性避而不论，显得若无其事。

2. 不妨碍他人

在公共场合中，应遵守"不妨碍他人"的原则。

不妨碍他人的原则，其基本含义，是要求人们在公共场所里进行活动时，务必讲究公德，善解人意，好自为之；切勿因为自己的言行举止不够检点，而影响或妨碍了当时在场的其他人士，或因此而使当时在场的其他人士感到别扭、不安或不快。

根据这项原则，在公共场合进行活动时，绝对不可以忘乎所以、为所欲为。此时此刻，无论有无熟人在场，均须严于律己。

3. 不得纠正

在相互交往中，应遵守"不得纠正"的原则。

不得纠正的意思，是要求在同外国友人打交道的过程中，只要对方的所作所为不危及生命安全，没有违背伦理道德，不触犯法律，不损害我方的国格人格，在原则上都可以对之悉听尊便，而不必予以干涉与纠正。遵守不得纠正的原则，是对对方尊重的一个重要的体现。

4. 维护个人隐私

在言谈话语中，应遵守"维护个人隐私"的原则。

在国外，人们是普遍讲究崇尚个性、尊重个性的。其一大基本做法，就是主张个人隐私不容干涉。个人隐私，泛指一个人不想告之于人或不愿对外公开的有关个人的情况。在许多国家里，它受到法律的保护。因此，在跟外国友人打交道时，千万不要没话找话，信口打探对方的个人情况。尤其是当发现对方不愿回答时，更应当适可而止。

5. 以右为尊

在位次排列中，应遵守"以右为尊"的原则。

所谓以右为尊，意即在涉外交往中，一旦涉及位次的排列，原则上都讲究右尊左卑、右高左低。也就是说，右侧的位置在礼仪上总要比左侧的位置尊贵。这一国际上通行的做法，与国内传统的"以左为上"的做法正好相反。唯独在佩戴勋章时，才有一个例外：勋章通常应被佩戴于左侧的衣襟上。

  关于前后的位次排列，情况要复杂一些。不过大体来说，基本上是讲究以前为尊的。即前尊后卑、前高后低，前排的位置要较后排的位置尊贵。

PART 4
真诚社交，赢得他人发自内心的喜欢

> 无论是在生活还是在工作中，女性都懂得如何巧妙地去经营自己与朋友、亲人、爱人、同事以及上下属之间的关系。和谐的交往，让生活更加快乐幸福。社交是一种能力，更在于真诚主动的态度，发自内心的关爱他人，也一定能得到他人来自内心的关心与爱。

001 凭借自身能力赢得他人口碑

中国有一句话叫"好事不出门，坏事传千里"。英国字典编纂家约翰生经说过："圆满人生不仅限于个人的独立，还须追求关系的成功，维系人与人之间的情谊，最重要的不是技巧，而在于诚信。"现代女子随着社会地位的逐渐提高，工作乃至创业的机会都在与日俱增，她们也在用自己的实力和独有的魅力向世界证明"谁说女子不如男"。

施乐曾被称为"即使在车轮面前仍能安心睡觉"的公司。短短评语让我们可以联想到该公司不可小窥的实力。可是就是这样的一家公司,也曾经有过"乱了手脚"的事件。2005年7月25日,全球著名的施乐公司宣布,该公司今年第二季度亏损达到2.81亿美元。不仅如此,施乐公司在此作出表示,由于全球经济发展放缓,美国经济出现了下滑的趋势,公司在第四季度之前极有可能都处于"不赢利"的状态。这一重大信息一出,投资者纷纷对施乐公司持怀疑态度,甚至失去信心,继而大量将手中持有的施乐公司股票尽数抛售。这种情况对于施乐公司来讲简直是当头一棒,股价像是脱了缰的野马,从上百美元一路跌到7美元。施乐公司再也无法"安睡",董事会迅速作出决定。7月26日,仅仅过了一天,原公司首席运营官安尼·玛尔卡被任命为公司的CEO。就在新的公布实施后,奇迹出现了,施乐的股票开盘就涨到了8.05美元,涨了46美分,涨幅约为6%。

这是碰巧之事吗?绝对不是。安尼·玛尔卡是从施乐公司的一名普通的销售人员做起的。在施乐工作的若干年里,她良好的处世风格、坚韧的性格都是公司人士有目共睹的。从销售人员到部门经理,再到地区经理、总裁等,直至今天的CEO。公司高级领导人曾经称赞她:"一个公认的、富有领袖才能、高效率的管理者。"安尼·玛尔卡一路走来,一直在用自己的实际行动不断地放大自己的人格魅力,口碑自在人心。也正是安尼·玛尔卡在以往工作和处世中所表现出的坚韧的性格，使她赢得了众人的信任和认可。当她被施乐公司任命为掌舵人之后，本来一直处在下坡路上的公司股票居然起死回生。

在生活中也是一样，我们常羡慕那些受人尊敬和喜爱的女人，觉得她们总是上天的宠儿，拥有特殊的眷顾，好像一切不顺利的事情到了她们的手里都变得顺畅起来。难道她们真的就具有超能力吗？这个想法实属好笑，机遇和幸运从来都是一对孪生姐妹，总是并行存在的。有些女子成功了，只是因为她们都拥有一个共同的特点就是人际吸引力。这些女性几乎具备有亲和力、有礼貌、平易近人的特质，这些特点会使她们赢得别人的好感，在众人面前树立良好的口碑，从而帮助她们在人际关系中无往而不利。

002 想要他人接纳，先热情接纳他人

老人常说："没有人愿意用自己的热脸去贴别人的冷屁股。"虽然，话听起来有些不入耳，但是正是因为它的通俗才更能一针见血地让我们去明白一个直白的道理——在人际交往中，要想使他人更好地接纳你，你就要先热情地接纳别人。人是很复杂的动物，而以人作

为主体形成的人际关系就更令人叹为观止。正因为我们有思想、有情感，所以神经也就越显得敏感。对于刚认识的人来讲，如果你眼神飘移不定，或是没有直视对方，就很可能会被对方认定为"你没有在意他"或是"你不重视他"；但是，如果你表现出自己的热情，就会让对方觉得你不仅接受了他，还对他产生了好感，这种情愫更有助于人际交往的良好运行。

"热情"不仅仅表现在态度上，它还具有一定的小方法。首先，你一定要学会记住别人的姓或名，主动与人打招呼。给人以"尊称"似乎已经成为人际交往中不可缺少的一项内容。试想，如果你连别人的姓名都叫不出来，即使是态度上表现得再热情，仍然会让对方感到不受重视，甚至产生你很虚伪的感觉。其次，无论对方的地位如何，比你高上许多、平级或比你低上许多，女子都要表现得大方、泰然自若。这种行为会让处于高级别的人觉得你没有阿谀奉承之态，相同级别的人觉得你平易近人更可交为朋友，低级别的人觉得你不耍高姿态，这些都让人感到轻松、自在。再次，女子要注重自己的言行举止，待人要和气，幽默而不失分寸，风趣而不显轻浮，给人以美的享受。最后，女子要处世果断、富有主见。因为热情是心理表态的一种方法，简单地说就是把复杂的内心想法通过明了的方式让对方去认知，从而作出是否去接纳你的抉择。女子具备了这种良好的品质，自然更容易激发出别人与你交往的热情，如果顺利地得到了别人的认可和信任，那么良好的交往自然水到渠成。

要想让一个人去接纳你，起初无论他是敌对的还是不亲近的，先不要太过介意，让对方感觉到你的真诚，在不知不觉中热情的因子就会感染他人，水到自然渠成。

003 改掉张口就"否定"的习惯

张口就"否定"的女子一定不会得到别人的喜爱，无论是在公司还是在家里，别人都会把这种不愉快记在心上。这一切并不是因为别人的心胸不够宽广，也不一定是因为你所传达的信息是错误的，只是源于你在表达上没有用心考虑他人的立场。比如说，公司的一个同事刚刚订好了去夏威夷的机票，准备结婚度蜜月，这时你却说："听说最近有一位旅游者在夏威夷遇害了。"也许你是完全没有恶意地提醒朋友要注意安全，可是结果弄巧成拙。你意识到自己的错误了吗？这种女子属于"事件否定型"。也许同事没有订夏威夷的机票，而订了其他地方的，这种女子也总会找到一些不动听的新闻事件。并不是她本身有多么的"可恶"，只是这已经成为她的一种习惯。如果，你也是这个队伍中的一员，请你记住，没人喜欢一个专会带来坏消息的家伙。

肯定别人也是一种美德，用在事业上，它会帮助你交到更多诚实守信的合作伙伴，用在生活中也会使自己的幸福指数直线上升。

又是周末了，婷婷和老公都迎来了他们共同的休息日。闲来无事，两个人下起五子棋。第一盘，婷婷赢了，老公马上失去了再玩的欲望，他觉得一个大男人输了很没有面子，就说她欺负他。婷婷一笑，缠着老公要再下几盘，三盘下来，婷婷次次都赢。老公彻底失去了兴趣，于是借口到厨房打果汁跑开了。婷婷偷偷一笑，深知老公的纠结所在，于是自己也跟着跑进了厨房。看着老公忙活着，婷婷在一旁就径自地说起来："老公，要不然咱们一会儿一边喝果汁一边下象棋吧？好吗？"然后，自己特意地在他身边小声嘀咕，说是自己恐怕是连棋子都不会摆，肯定要遭人笑话了。然后，婷婷偷偷地瞄了一眼老公。老公听了此话，又看见她可爱的样子，终于忍不住笑着说："那不是变成我欺负你了嘛，我可不忍心啊！"两人你一句、我一句地说笑着。婷婷闹了一会儿，就回到房间里去看她喜欢的"快乐大本营"了，老公随后端着制好的果汁也进来了，虽然他永远不懂电视里的人都在笑些什么，可是只要她高兴，他还是愿意陪在她身边的。这时，老公忽然说："老婆，你的五子棋下得真不错，比我好多了。"婷婷一听，美极了，随口说："我也就五子棋能下过你吧，你的象棋下得最棒，我还真得学学。"老公哈哈大笑起来。

生活就是这样的简单，快乐就是这样来得很容易。你肯定了对方，也就肯定了你自己。生活，才会波澜不惊，才会更加融洽。在爱情中，在某些方面，"争"是个不需要存在的名词，你赢了又能怎样？你赢了对方，其实也许会输得更惨。小孩子更是一样，你夸奖赞美他，他往往会表现得更好。在工作中，虽然严肃了一些，可是给予别人必要的肯定也是百利而无一害的，不仅会让别人做事更具动力，也会在无形中大大地提升了自己的人气。做一个人见人爱的女子，难道你不想吗？培养自己的豁达，人都有一个通病就是习惯用挑剔的眼光看待他人，除了亲人之外，人与人之间通常首先看到的是别人的短处和不足。实际上，真正的和谐与融洽来自感同身受的理解，来自一种善意的态度，来自一颗同情心。抛去"外人"这个碍眼的外衣，拿出父母看待自己孩子的那种宽容的、充满爱的态度，你就会发现别人的身上有很多值得我们去肯定和学习的地方。

在人际交往中学会"肯定"他人，不仅会让他人的长处得以积极地发挥，而且是对自己内心品质的修炼。一个见不得别人比自己优秀的女子总是讨人厌的，即使你很优秀，可是山外有山，人外有人，再强的女子也不可能没有缺点、没有不如他人之处。聪明的女子善用他人的优点来弥补自身的不足，只有这样追求尽善尽美才不会居于人后。

004 职场小细节看出你的好修养

中国自古以来就是礼仪之邦，有礼之人常会让人奉为上宾，无礼之人被拒之门外似乎也是合情合理。而在职场中，楚楚可怜以期他人"怜香惜玉"是行不通的。唯有修养得当、礼仪有加才能获得他人尊重，尊重才能让女性的职场之路更加通畅。实际上，一个人的修养与礼节往往是在细节中体现出来的。

第一，不要信口开河。女人爱八卦，爱唠家长里短，这是大"病"。成大事之人必是言行谨慎的人。嘴上痛快了就像服了慢性毒药，起初没什么反应，可是"毒"迟早要发作的。长远来看，很容易失去他人的信任，失去自己的信用。

第二，矛盾激发时退一步。当双方脾气一触即发时，后退一步而不是"迎难而上"，让双方都慢慢冷静下来。这个时候没人会说你是缩头乌龟，特别是面对重大事件的时候，激烈的争吵往往会使双方两败俱伤，造成更坏的结果。回避并不等于"妥协"，而是给对方冷静思考的机会，同时也证明了自身的修养。

第三，不留"隔夜仇"。双方有了矛盾要趁早解决，如果遇到脾气"倔"的对手，不妨"软"一下，给对方找个台阶下，让矛盾更和谐地得到解决。

第四，控制自己的火气。总是暴跳如雷的女子是不大招人喜爱的，伤了和气不说，自己还伤肝伤脾，这又是何苦呢？所以，遇事要冷静，学会换位思考，站在对方的角度考虑考虑。

第五，开玩笑要讲究度。无伤大雅的玩笑可以增进彼此的感情，可是过分的玩笑则是破坏友情的最具有伤杀力的武器。开玩笑要适可而止，因人而定，对性格开朗、大度的人，稍多一点玩笑，可以使气氛更加活跃；对拘谨的人，则少开甚至不开玩笑为妙；对于有缺陷或明显缺点的人，不要抓着别人的把柄开玩笑；对于尊长、领导，开玩笑要找好自己的位置，千万不可跨越应有的限度，这也是一种对他人的尊重。

所谓"礼多人不怪"，人们总会下意识地把修养和礼节挂钩，所以无论是面对你的老朋友还是新朋友，得体的礼节都是不可省略的，特别是在公司、宴会等严肃场合，礼节就成了一道大餐，做得好不好看、得不得体，全由你来掌控。

005 共同愿景是合作最好的激励

如不是特殊原因，几乎没有一个人希望自己的金钱、精力、时间或任何一样有价值的东西白白地扔到海里打水漂儿。想与人合作，如果你只是告诉他："只要投资就可以了，别的你都不用管。"对方一定不会同意的。因为他并不知道自己花了钱究竟能得到什么。想得到别人的支持，就要让对方觉得与你有着相同的目标，那么他也就会表现得更为主动，合作便会收到更好的效果。实际上获取他人的支持和帮助就像打仗一样，无论在一个国家中有几股力量，当他们的国家遭遇外敌的时候，这些力量就会拧成一股，一致对外。那是因为大家都知道，如果一个国家没了，自己的这一股力量又从何谈起。所以，欲与人合作就要让他人先知道他会得到什么，如果不这样做他又会失去什么。总之，最主要的目的就是，大力强调合作绝对是他最明智的选择。

一支曾经衣衫褴褛、半饥饿的、士气低落和纪律涣散的军队，在拿破仑的带领下，竟成为一支所向无敌的优秀军队。他——拿破仑，是如何做到这一切的呢？

起初士兵们缺衣少食，拿破仑看到了这一点并开始鼓励他的士兵们："兄弟们，你们衣不蔽体、食不果腹的苦难日子马上就要过去了，我将把你们带到世界上最富足的地方去，在那儿，你们可以看到繁华的都市和富饶的乡村……"士兵们军威大振，每个人都恨不得插上翅膀一下子飞到那个美丽富饶的国度。

当他们打了胜仗、衣食有了保障的时候，拿破仑又把鼓励的点放在了士兵们的自尊心上，他大声地鼓励着他们："士兵们，祖国期望你们去取得重大成就，你们不会辜负祖国的期望吧？你们还有许多仗要去打赢，许多阵地要去夺取，许多河要渡过去。你们当中是否有人勇气低落了呢？没有！我们所有的人都要确立光荣的和平……我们所有的人都希望，在回到自己村子的时候，能说上一句：我曾经在战无不胜的意大利军团作过战。"士兵们的尊严和荣誉感被激发起来了。

这支军队之所以能够取得胜利，是与拿破仑的鼓励分不开的。每个人的心中都会有一片美好，那是他们想去极力得到的。在职场中，我们若想要得到他人的支持和帮助，就要学会向他人描绘我们相互合作的美好前景。只有让对方知道，我们有着共同的目标，且前方一片大好的时候，双方才更有可能达成共识，并为之而努力。

006 问题走进死胡同，也许是意图没搞懂

我们常常强调倾听的重要性，因为当人与人打交道时，他们常常是"表里不一"的。比如说，一个女人在商店看见了一件自己很喜欢的衣服，而恰好这个商店里的服装是可以讨价还价的，她肯定会有意无意地询问这件衣服的信息，当服务小姐给予回答后，她必会挑着那些无关紧要的毛病，"有点大""颜色有点暗"等，而这样做的目的无非是想让自己在讲价的时候更容易一些。这样的事情在生活中并不少见，所以，无论遇到什么事情都要让自己机警一些，多做观察，如果能够准确窥知到对方的真实意图，并做到有的放矢、随机应变，无疑会让女人在说话办事时更加顺利。

加里说，他想买一幢既能看到美景，又能眺望港湾的房子。从加里的办公室向外看，都能看见哈特森河上码头云集，船舶穿行于水面之上，真是一幅热闹的风景画。对于他来说，这是很重要的。

售楼员约瑟夫当然知道，钢铁公司办公室旁边符合加里这些条件的房子有很多，但是想来想去，还是只有帝国大厦最为理想。因为，没有比这栋大楼更漂亮、看风景更好的地方了。但是，此时看

上去，加里似乎更中意旁边那栋更时尚的房子，而且他说他的一些同事也力主他买那栋房子。这让约瑟夫开始有些担忧了，因为除了加里看上去好像中意的那座楼之外，还有许多别的符合条件的房子。为了避免事情有变，他想尽快解决这件事。所以，当加里第二次请他帮助看房子的时候，约瑟夫便立即建议加里买他们原本就一直住着的那栋旧房子——帝国大厦。他的理由是：旁边的房子确实也能看到美景，可过不了多久，一座新建筑就要拔地而起，一切景色都将被遮住。如果买了帝国大厦，就没有这层顾虑，可以安心观赏哈特森河美丽的风景。可是，加里立即表示不想买帝国大厦。

约瑟夫这回没有搭话，只是在一旁静听着加里的话。"他到底是什么意思呢？他中意的到底是哪一座呢？"约瑟夫的脑子飞速地运转着。现在，很明显，加里坚决不同意买帝国大厦。可是他所拒绝的理由都是一些无关紧要的理由。从这里可以看出，这并不是加里的意见，而是那些想买旁边的新房子的职员的意见。想到这里，约瑟夫有了恍然大悟的感觉，加里说的并不是真心话，其实，他是想买帝国大厦的，尽管他嘴里极力反对。想通了这些，约瑟夫心里有了底。而此时的加里，因为没有人反驳他的话也就安静了下来。于是，在接下来的一段时间里，他们一起静坐，一起眺望窗外那些加里特别喜欢的景色。后来，因为约瑟夫没有反驳加里所说的话，所以加里就不再讲下去了。又过了一会儿，约瑟夫十分平静地问："先生，刚到纽约时，你的办公室在哪儿？"沉默了一下，加里才说："什么意思？就是这栋房子。"约瑟夫点了点头，又问："那么，钢铁公司是在哪儿成立的？"一样的沉默，而后加里回答："也是这里，就是我们现在坐着的办公室。"之后，他们再也没有说话，就一直静静地坐着。时钟以极慢的速度走了五分钟，终于，加里兴奋地说："几乎所有的职员都主张买那栋新楼，可这是我们的老家啊！可以说，我们是在这里成长壮大的，我们实在是应该永远在这里住下去啊！我决定买下这里。"

就这样，约瑟夫没有想到，自己画图、制表、做预算，花了好几个星期研究怎样才能找到加里所说的"合适"的房子，却一点收获都没有。而在实际操作时，他只用两个问题和五分钟的沉默就成功地让加里买了这栋房子。

在生活中，我们往往就是这个样子，忙了半天，结果却是一无所获。我们也应该像约瑟夫一样，当问题好像走进死胡同的时候，想一下，对方真正的意图到底是什么？他说的话是他心里想的吗？多观察，多分析，而不要被眼前的假象所迷惑，使自己失去方向。有些事情看起来十分复杂，那是因为你没有体会到他人真实的意图，如果你能看清了，五分钟的解决时间，也已经足够了……

007 客套话别说太多

两人初次相识，朋友好久没见，见了面难免大家要互相客套一番，一般说得都很短，诸如"您好、劳大驾、借光、请慢走"之类。这既表示你的礼貌，也代表你对他人的尊重之意。可是，如果不注重对方的生活角色，让客气话不小心生产过剩，不但起不到拉近两者距离的作用，反而让朋友感到不安，对你产生不好的印象。

1. 客套话太多会让人"难受"

有的人习惯于张口闭口客套话，自己感觉不错，可是和他在一起的人要么感到坐立难安，要么觉得哭笑不得。如果你就是一个"盛产"客套话之人，在今后的日子里一定要注意自我节制了。比如说，一个朋友到你的家里来做客，你的老毛病开始发作了。因为你过于客气，朋友有些不知如何是好，生怕自己哪里没有说好让你不高兴了。没坐多久，如果你仍保持在一种客套的状态的话，你的朋友很快就会找理由离开的。而去你家，和你聊天，也会成为他的噩梦。当然，如果是新朋友客套一下也是在所难免，可是当你们都已经成为熟人的时候就必须控制好客套话的"生产"，让彼此在一起能待得随意一些，无论谈点什么都好。千万不要让你过剩的客套话把彼此的距离越隔越远。你试想一下，和你很熟的老朋友，你一会儿一个"府上"，一会儿又一个"过意不去""表示歉意"，好人都得让你逼疯了。特别是当一个人把客套话当成一种习惯的时候，就更有好玩的事情发生了。比如说，领导从厕所出来，正好撞上，你赶紧说："吃了吗您？"你说领导的脸得黑成什么样子啊。也可能，领导会把脸一沉，回你一句："你还没问我吃的什么呢！"

客套并不是不好，可是物极必反，什么东西如果过剩了就反倒让人觉得讨厌了。

2. 说客套话要注意哪些问题

（1）态度诚恳。如果与他人讲客套话，一定要说得充满真诚，让他人能感觉到你的真心实意。如果把客套话说得像炒豆一样生硬，就会让人产生厌恶之感。另外，在讲客套话的时候，还要与礼貌的姿态相配合，如果嘴里说得挺文明，但是举止很放肆，那你还真是不说为妙。在对待朋友的时候，大可以把平时说的客套话讲得稍微坦率一些，让朋友能够适应，而不是总是觉得你很奇怪，相信你就会得到更多的朋友。如果你所面对的人是你的长辈，把话说得客气一些反倒能表示出你对长辈们的尊重。还有一点要说的是，像那种早已经"作古"的客套话，如"小妹才疏学浅，一切请阁下多多指教""贵号生意一定发达兴隆"等，就不要拿出来特意卖弄了。

（2）有的说，没有的不可乱说、乱用。说着客套话，你却不一定会使用客套话。如果硬是卖弄着那一点半点的学问，倒不如问得细些更为得体。比如说，"久仰大名，如雷贯耳"，倒不如说："阁下不就是上次晚会上的特邀嘉宾吗？真没想到你能来啊，真是蓬荜生辉啊。"这样的表达，才会更容易拉近彼此的距离。

008 先否定后肯定，调动情绪很有效

有很多女人都不明白，为什么自己的嘴也不笨，却花了很多功夫都未能成功调动他人情绪，引起他人的兴趣，而有的人却能在三言两语间便让他人情绪高涨呢？这就要从说话的技巧谈起了。一般来说，从否定到肯定往往会有更好的效果，其方法也是多种多样的。

1. 先抑后扬

先"损"一下，再"扬"起来，对方的情绪波动虽大，但往往会起到更好的作用。

相传，纪晓岚就有这样一段趣事。有一次，纪晓岚应邀去为一个朋友的老母亲祝寿，席间他即兴做了一首祝寿诗。纪晓岚号称大清第一才子，到场的大人物都期待着会有怎样的一首好诗诞生。谁知，诗的第一句劈头竟说："这个老娘不是人"，众人皆吓了一跳，

在上座的老太太心想:"这不是在骂人吗?"只见纪晓岚不慌不忙地再言:"九天仙女下凡尘。"哦,原来是这样啊。众人皆松了一口气,鼓掌叫好。老太太也高兴起来。谁知第三句却是:"生个儿子却做贼",宴会主人脸上勃然变色,四座咋舌。哪知纪晓岚又从容地说:"偷得蟠桃献娘亲。"众人俱喜,宴会主人更是高兴地为他敬酒。

不愧是一代才子,一出言就非同寻常。第一句"这个老娘不是人",仿佛在骂做寿者,引发他人的不快;第二句"九天仙女下凡尘",峰回路转,原来是在赞扬其母为天人转世啊!众人皆喜;第三句"生个儿子却做贼",又下一剂重药,主人怒气直上;第四句"偷得蟠桃献娘亲",原来儿子也不是凡人,居然犯险到天上偷王母娘娘的蟠桃给母亲祝寿。短短四句话,抑—扬—抑—扬相结合,既表达了主人不凡的地位,又表现了儿子对母亲的孝心,真是一首绝妙的诗。在与人交往的过程中,虽然应该多赞美别人,不能轻易否定对方,然而,这种先抑后扬的赞美方式往往会让气氛更好,令人印象深刻。

除此之外,先抑后扬的方法也可以换成另一种形式,皆有异曲同工之效。比如说:"刚开始认识你的时候觉得你特难相处,熟了之后没想到对朋友这么够意思!""上学那会儿你像个假小子,特淘气,现在怎么这么漂亮、这么文静啊?!"适当地否定他的过去,实际上是对他今天成绩的加倍肯定。

2. 否定他人，肯定对方

如果有两个人对你表达喜爱之情。第一个人："我喜欢的人多了，当然也包括你。"第二个人："我很少喜欢别人，不过你是个例外。"你更愿意接受哪种说法。当然是第二种。第一个人用的是双双肯定，第二个人用的却是否定其他人而肯定你本人。如果他们是喜欢你的男生，第二个人胜出的比例明显强于前者。

说话也是一门艺术，虽然其中有技巧性可言，但是这只能增强你表达意思的效果。如果此方法不是出自内心，而是单纯的技巧的话，会很容易被别人揭穿的。说白了，"诚"字仍然是你言语的先行军。技巧和心里想表达的话就像积木盒和积木的关系，积木盒只是大小最适合装积木的盒子罢了。

009 换位思考，善意分享

在人际交往中要想使他人信任你的话，就要学会本着双赢的思想进行换位思考。如果在与人相处的过程中，你体现出大家之风，处处为他人着想，甚至拉他人一把，并且言出必行，对方就会对你产生信任甚至感激之情。当一次这样、两次这样，人传人、口传口，不久你的声誉就会有口皆碑，人人信服。

在《宋稗类钞》中有这样一个故事，宋朝有一个叫苏掖的人，官位很高，十分有钱，却吝啬得要命。每次买田买房的时候总是不能付给对方足够的钱，为了少付一分钱也会与人争得面红耳赤。不仅如此，他的同情心少得可怜，别人越是困难着急用钱的时候，他越会把价格压得很低，以此赚得暴利。有一天，他又遇到了这等好事儿，仍是按着他的老套路把房价压得低低的。房子的主人觉得他不讲道理，于是与之吵了起来。两人越吵越凶，旁边的儿子再也看不下去了，张口说："爸爸，您还是多给人家一点钱吧！没准将来我们儿孙辈会出于无奈而卖掉这座别墅，那时候，我们也希望有人给个好价钱。"听了儿子的话，苏掖愣了一下，也觉得自己似乎做得有些过分了。

发别人"困难"之财，良心何安！多么可爱的孩子，他懂得站在别人的位置上去体谅别人的难处。与人方便，其实就是与己方便。这是必然的规律。

还有一个故事也十分值得人们去思考。

有一个村子盛产鲜花，每个人的家里都有大片的花田。有一个妇人历尽了辛苦，从外面找寻到一种非常罕见的花种。这种花在市场的价格非常高。回到家里，她开始把花种拿出来一些种在了院田里。又怕当花开的时候被邻居们发现向她索要花种，于是她把自己家的花墙加高了一尺。第一年，在妇人的精心呵护下，花儿长得好极了，看着满院子紫色的花儿，她笑得嘴都合不上了。这一年，她挣了很多钱。花期过后，妇人把花种搜集好，待第二个种花时节到来后再行播种。邻居们都听说妇人挣了大钱，都问她种的是什么花，妇人支支吾吾地搪塞着，心想："为什么要让你们知道啊，我自己挣钱多好。"下个花期很快就到来了，妇人把去年培育的种子种到了田里，满心期盼着它们成长，再给她带来丰厚的回报。可是事实却让她失望了，花儿虽然长势很好，花色却不纯了，原本应该是紫色的花儿却有的带红、有的带黄……这样的花在市场上是卖不到好价钱的。这到底是为什么呢？妇人想了想突然明白了："是花粉。"不错，就是花粉。花儿长成后，风会帮助花粉来给花儿进行受精，这样花儿才会发育出种子。虽然妇人种的都是一种花儿，可是邻居们的家里却有的种黄色的花，有的种红色的花。风的作用把别人家的花粉吹落到自家的花上，自然花就不纯了。想到这里，妇人决定把最原来的花种都拿出来，分给左邻右舍，如果大家一起种就再也不会出现这种情况了。邻居们充满感激地领走了花种。一年又一年，妇人家里的花仍然是紫得炫目，村子里的人也因为这种花都过上了富裕的生活。而妇人也因为献花种有功而被推选为村长……

人生就是这样，觉得获利的时候不一定就是好事，觉得吃亏的时候也不一定是坏事。独乐往往不如众乐，懂得分享才能获得大家的信任。在人际交往中，多为别人想三分，也是在为自己加一分。善意分享，往往是最好的福报。

010 近则拒远则疏，与他人保持刚刚好的距离

在这个世界上，从一方面讲，有的人热情如火，也有的人腼腆沉默；有的人性格开朗愿意与人相处，也有的人性格内向，孤僻自守，不喜与人往来。从另一方面来说，两个人关系好自然愿意靠得近；两个人不相识自然离得远。当然，人际距离有的时候也会因环境的约束而不得已地做些改动，比如说，在拥挤的公共汽车上，在没有办法做选择的时候，人们通常也会容忍陌生人靠得很近，但是这只是距离感做了转移，人们通过躲避别人的视线和呼吸来表示与他人的距离。虽然如此，只要是换一个比较宽阔的环境，人们还是喜欢去恢复该有的距离。比如说，公园里的长椅，同是公园里散步的陌生人。如果有两个长椅，两人就会各坐一个，如果只有一个也会选择坐得远一些。人与人之间是需要距离的，只有当我们了解了交往中的人们需要的自我空间有多大，心理空间有多广，然后再根据这些来做适当的调整，就能寻找到人际交往的最佳距离了。

1. 亲密距离

这种距离一般在很亲密的朋友或是亲人之间得以体现。人际交往中最小的间隔或几乎无间隔，即我们常说的"亲密无间"。彼此相隔距离在15厘米之内，可能肌肤相触，耳鬓厮磨，以至相互能感受到对方的体温、气味和气息。稍远一些的范围也不过为15～44厘米，可能挽臂执手，或促膝相谈。这种亲密不仅表现在外在的距离上，也体现了彼此之间的心理距离。比如说，相恋的情侣、贴心的朋友、夫妻、母女等。在人际交往中，如果你不属于对方这个距离范围内的人，却要硬性地行之，随意闯入他人不可承受的心理空间，这都是十分不礼貌的，甚至让对方产生反感。

2. 个人距离

这种距离一般在熟人与朋友之间得以体现。较亲密距离相比较，较少有直接的身体接触。彼此间距离46～60厘米的可维持熟人间亲切地握手，友好地交谈。一般把76～122厘米的距离界定为个人距离。所以，如果你是第一次与对方见面，最好不要侵入这个范围，对于陌生人之间的谈话最好保持在122厘米左右为宜。

3. 社交距离

这种距离已超出了亲密或熟人的人际关系，而是体现出一种社交性或礼节上的较正式关系。社交距离一般1.2～2.1米，适用于工作环境或社交活动中。我们常常在电视上看到国家领导人在会谈的时候，彼此之间总会摆上一个茶几。这个茶几实际上有一种功用就是为了增加距离。在正式场合,如果两个人离得过近,会让彼此都感到十分不舒服。特别要提出的是,在人际交往中亲密距离与个人距离通常都是在非正式社交情境中使用,在正式社交场合则使用社交距离。不要因为对方是你的好友或是熟人就忘乎所以,忽视了社交距离的重要性,这样不仅会使对方难堪,也会让自己成为满场的笑柄。

在社交距离范围内,已经没有了直接的身体接触。所以,在说话时不妨适当地提高声音,让别人能够听得更清楚些。另外,目光交流和适当的点头认可等动作也是不可缺少的。因为它们直接传递了态度,是彼此感情交流的一种方式。

4. 公众距离

这种距离一般应用于演说者与听众之间。公众距离一般为3.7~7.6米,远范围在7.6米之外。这个距离范围是一个开放式的距离,几乎可以容纳一切人的门户开放的空间。两者之间基本上不会发生什么联系,但是很有可能做距离类型上的转变。比如说,演讲者讲到激情之处与台下的一个听众谈话时,他必须走下台,使两者的距离从公众距离转为亲密距离或个人距离。

虽然人际距离会因为国家、民族、社会文化的不同而有所不同,但是,就一般情况来说,如果遵照以上四种距离,基本上可以让自己了却"安全隐患"之忧。在人际交往中,要时常地给自己提个醒,切莫犯了别人的大忌讳。

下篇 修语篇
——口吐莲花，悦人悦己

PART 1
言之有度，把握表达与沉默的分寸

> 好口才是事业上披荆斩棘的利剑，是生活上彰显魅力的资本。好口才使女人成为时代的宠儿：在社交场上大放异彩、光芒四射；在职场中游刃有余、挥洒自如；在情场上应对自如、巧占先机；在家庭生活中温良贤惠、其乐融融。优雅女性修炼口才的第一点，就是把握说话的度，该表明态度时不含糊，该沉默时不多言。

001 关键时刻有态度

假如在某种场合下，有朋友怂恿你做一件原本不想做的事，而周围与你相仿的女性朋友都已经被打动，你还会坚持自己的观点和态度吗？

相对柔弱的天性使得女人们进行语言表达时往往给人留下弱势的印象。因为多数女人性格温柔，关键时刻不够果敢，也不够坚定，很难在对话过程中占据主导或上风，偶尔还会被表面的假象蒙蔽，作出错误的判断。所以，有语言学家认为，男性语言体现权力与欲望，而女性语言体现谦恭和附属地位。在公共场合或社交场所，男性会激情地谈论某件事，并掌握话语的主动权；而女性则会选择间接的方式，表达自己的观点。这就使得女人们的话常常不被重视，也就收不到理想的效果。

我朋友的一个熟人曾在保险公司举办的活动中遇到过这类事情。其实，她根本就不需要购买保险产品，同时她也知道保险推销员在推销产品的时候会吹得神乎其神、天花乱坠，但当她收到保险公司的活动邀请时，还是犹豫了。后来，由于推销员是她的一位朋友，而这位朋友又声称这次机会是非常难得的，全市也不过只有几十人受到邀请，地点又是高级的四星级酒店。她想来想去，觉得不好意思拒绝朋友的好意，再说能在那么高级的地方吃上一顿饭，也算不虚此行。于是，碍于面子和那点小小的虚荣，她还是接受了朋友的安排。

活动果然十分有排场，场面热烈，宾客满座，好不热闹。经过一番"狂轰滥炸"，她身边的几个女人就有些飘飘然了。最终，这位女性没能躲过朋友的鼓励与其他人的感召，莫名其妙地签下了几万元的意向单。事后，她当然只有后悔，好在还有挽回的时间和余地，她费了很多工夫和口舌才甩掉这个包袱。

也许你会说，这位女性还是有钱，付出几万元眼睛都不眨一下，如果没有钱，任凭别人忽悠也是白搭。好吧，那如果别人并不想在钱上占你的便宜，而是其他方面呢？你敢保证自己还会坚持最初的想法吗？

在某些场合下，你的确会受到蛊惑和感染，还不好意思翻脸。但稍微的犹豫也许就会让你陷入被动，失掉自己手中的主动权。因此，我们要明白，并非所有事情都可以作出让步。当我们遇到触及自身合理权利和合法权益的事情时，就要用强硬的态度来应对。明确地告诉对方什么是你不会去做的，或者什么是你想要去做的。比如，你的同事常常将自己不愿做的工作推给你，或者你的上司想要你充当某个错误的替罪羊，如果你不懂得表达拒绝，就成了那个只会让自己陷入纠结与疲惫的"老好人"。

有所为有所不为，本就是人之常情。有时候，强硬地表达观点与态度还会使周围的人更加了解你的原则和底线。所以，适当的强硬不仅不会给人留下坏印象，反而会让他人对你刮目相看。

当然，强硬并不意味着要剑拔弩张，脸红脖子粗的强硬有时反而弄巧成拙，让你失去风度和修养。我们的目的是要将自己的决心与意愿传达给对方，维护自己的权利，而并不是吵架。和声细语地说话，也一样可以彰显我们的坚决。

遇事多给自己一点思考的时间和斩钉截铁的勇气，该拒绝的时候拒绝，该声明的时候声明，这才是智慧女性的智慧选择。

002 恰到好处地保持沉默

说起"沉默"二字，很多人首先想到的便是那掷地有声的4个字——沉默是金。简简单单的1h个字传承了很多年，也被人们议论了很多年。关于这种说法，有的人同意，也有的人不同意。但真正懂得这1h个字的人不会用"同意"或"不同意"来表达对它的看法，因为沉默的意义远不只是表面的意思那样简单。换句话说，沉默究竟是金还是铁，要看具体的情况而定。有的时候沉默的确是金，而有的时候沉默则一文不值。

天性沉默寡言的人大都性格内向、沉闷，可能还有点自卑。这类人极少在公开场合发表自己的观点，让人摸不透、想不通，也就不怎么容易讨周围人喜欢，进而在社交活动中常常处于被忽视的地位。渐渐地，沉默与主流价值观相悖，许多人提倡放弃"沉默是金"的观念，拼命锻炼自己的口才，使自己能够更好地适应社会生活。

提升口才没有错，但假如只重视说话的能力，却忽略了沉默的作用，就会走向另一个极端。这就是为何很多人养成了夸夸其谈的毛病，不看说话的场合与时间，不去想究竟该不该说，而只是不停地说话，好像生怕别人将自己当作一个沉默寡言的人。还有的人为了显示自己的博学多才，喜欢把自己的想法随时随地表达出来，结果不但得不到应有的尊敬，反而让人产生厌恶的情绪。所以，懂得沉默也是会说话的表现之一。在该沉默的时候沉默，不仅不会给人留下沉闷的印象，反而能够体现出一个人的智慧。

女性相较男性来说，情感更为丰富、细腻，感慨比较多，牢骚比较多，就显得喜欢说话。所以，女性要比男性更应该领悟沉默的精髓，学会在适当的时候保持沉默。比如，在情绪激动、欠缺思考的时候，不要说出既伤害别人又令自己难堪的话。生闷气不是个好办法，但生气的时候只顾用说话来发泄，更不是个好办法。心潮起伏难平的时候，说话也是不假思索、脱口而出。愤怒的人只能说出一些狠话、气话、绝话，除了用于发泄情绪，对解决问题没有半点帮助，有时甚至会让情况变得更糟糕。情人间的吵架便是很好的例子，两个气昏了头的人彼此不依不饶地互相攻击，最终的结果只能是两败俱伤。而此时，只要有一个人适当地保持沉默，战火便会缓和。等两个人冷静下来，经过思考再交流，很多问题就会迎刃而解。因此，就算是对方犯了错误，你也不要急于发泄与攻击，适时的沉默后再去沟通。

另外，在时机未到时，不要抢了关键人物的话。比如，你与你的直属上级和大领导在一起的时候，大领导提出的工作方面的问题一定要由你的直属上级来回答。如果需要你来回答，你的上级自然会将话题转交给你，不然你就在一旁保持沉默好了。即使他们在话中提到你，你也只需保持微笑；切不可随意插话，或者与你的上级抢话，否则只会给领导留下不知轻重的坏印象。

在被人误解的时候，不要一味地解释、澄清，适度的沉默也可以帮你走出困境。俗话说，"越描越黑"，有些事情越是解释，越容易被人误解。还有些事在当时的场合下根本就解释不清楚，因为对方没有心情听或者根本不会听。这时，不妨暂且保持沉默，等待谎言不攻自破，或者等到对方肯听的时候再解释，效果就会完全不同。

在不明就里的时候，请保持沉默。比如，周围的人心情不好或遇到难题的时候需要安静地思考，也许你的确想要尽力帮助他们，也许你不过是想说几句话来安慰他们，但你最好克制一下，做个沉默的关注者，给他们更加轻松的环境和氛围。当他们想要倾诉、需要帮助的时候，自然会想到你。如果你不明情况地在他们耳边发出声音，到头来很可能使得他人的情绪更加烦躁。

能言善辩是一种能力，而适时沉默又何尝不是一种智慧。懂得沉默，也是一种宽容、一种姿态、一种风情，蒙娜丽莎的微笑就是最好的证明。

003 果断拒绝自己不喜欢的人和事

钱钟书先生说过:"不必花些不明不白的钱,找些不三不四的人,说些不痛不痒的话。"或许我们的拒绝根本伤不了别人的面子,而你又落了个轻松自在,同时也让被拒绝的人了解了你的坦荡和真诚。

很多女性往往很难开口拒绝同事、朋友的请求。于是,一些可有可无的聚会、应酬,总感到应接不暇。她们总是抱怨:"唉,真没办法,真累,真烦……"如果让她们推掉,她们又会露出一脸苦相:"说得容易,做着难。都是些同事或是亲朋好友,怎么拒绝?你若能拒绝,人家也会认为你不给面子。"

既然不喜欢,就要学会拒绝,否则只会让自己陷入更苦恼的境地。学会拒绝,就得学会向自己挑战,拒绝来自我们内心的自卑、懦弱和虚荣,让自己变得真实、自信、勇敢起来;要学会拒绝,就要敢于对自己不喜欢的人和事大胆说"不"。

某天早上,阿姨打电话来,问嘉仪能不能陪她一起去看拍卖古董。嘉仪说:"不!"

中午,社区报纸编辑打电话问嘉仪能不能为他们的征文颁奖。

嘉仪说："不！"

下午，某大学的学生打电话来，问她能不能参加周末的餐会。嘉仪说："不！"

晚上，某报社传真过来问嘉仪能不能写个专栏。她说："不！"

你或许认为嘉仪不近人情，可当事人并没有这种感觉。因为，她很讲究方式和技巧。当她说第一个"不"时，同时告诉了她："下次拍卖古董，我会去。至于今天，因为我对家具、器物、玉石的了解不多，很难提出好的建议"。

当嘉仪说第二个"不"时，她说："因为我已经做了评审，贵报又在最近连着刊登我的新闻，且在一篇有关座谈会的报道中赞美我而批评了别人。如果再去颁奖，怕要引人猜测，显得有失客观。"

当她说第三个"不"时，她说："因为近来有坐骨神经痛之苦，必须在硬椅子上直挺挺地坐着，像挨罚一般，而且不耐久坐，为免煞风景，以后再找机会！"

当她说第四个"不"时，她以传真的方式告诉对方"最近已经刚刚寄出一篇文章，专栏等以后有空再写"。

嘉仪说了"不"，但是说得委婉。她确实拒绝了，但拒绝得有道理。因此，即便是被拒绝，对方也不会有不舒服的感觉。

愈是想对得起每一个人的，愈可能对不起所有人，因为精力、时间、财力有限，不可能处处顾及。我们应该在生活、学习和工作中热情倾力地帮助别人，但这种帮助不应该失去底线与原则，也不应该让帮助变成对自己的为难。其实，每个人在开口提出请求时，就已经做好了被拒绝的准备。拒绝没有想象中可怕，只要你敢于开口，就能够为自己赢得一片清净的天空。

004 倾听的姿态让女性更显温婉

说话，通常不是说给自己听，而是说给别人听。所以，不能光顾自己说话，不顾别人的感受。如果不听别人的反馈，不给别人说话的机会，那么沟通是很难顺利进行下去的。

约翰和麦克是邻居，两家的花园连在一起，中间只象征性地隔了一道篱笆，而且篱笆非常简易，麦克家的狗可以从那里钻来钻去，这只活泼可爱的小狗有个陋习，那就是经常钻过篱笆，到约翰家的花园里方便。对此，约翰太太有些不高兴，整天清理这些东西，既脏又累。于是，她决定与麦克太太谈谈，让他们管好自己的小狗。

约翰太太来到麦克家，这时，麦克太太正坐在藤椅上，一个人生闷气。原来，麦克先生昨天忘记了她的生日，没有给她买礼物，而今天早上也没有为此事向她道歉。女人都是小心眼儿的，难怪她生气。这让约翰太太很尴尬，她坐下来，决定陪这位邻居谈谈天。

女人在一起有很多的话可说，而麦克太太又在气头上，更是有千言万语想向人倾诉。她不住地抱怨自己的丈夫如何粗心，如何忽视她的存在自己的孩子又如何调皮，如何不听管教，以及生活中其他的烦琐小事。而在整个过程中，约翰太太始终微笑着听她诉说，从没有打断她的话，更没有提起自己来此的目的，渐渐地，麦克太太心情舒畅了，两位太太决定一起到花园里散步。

当她们来到约翰家的花园里时，小狗正好在方便，麦克太太非常尴尬，连忙道歉，并叫出了自己的小狗。约翰太太先安慰她说不要紧，并请她以后看好自己的小狗。麦克太太当即保证，以后再不会有这样的事情发生。

在这个例子中，约翰太太就是通过聆听的方式，表示了对对方的关注，从而获得了对方的好感，在此好感的基础上，她不失时机地提出了自己的要求，麦克太太自然会很爽快地接受。自此之后，两家的关系更要好了，两位太太也经常在一起谈心，成了亲密的朋友。

试想，如果约翰太太一到麦克家，就直截了当地提出自己的要求，势必让本就烦躁的麦克太太心里更不高兴。约翰太太显然是善解人意的，她能够体察到谈话对象的情绪，并懂得用倾听的方式让对方的情绪获得了纾解，如此对双方的沟通都是一种促进。

会说话体现的是一个人的口才水平，而倾听体现的则是沟通的艺术。在双方的互动中，有倾听有表达，才能让沟通达到最佳效果。倾听不仅入耳，更要入心，你要听得出对方的情绪，听得出对方表达的意义。从某种意义上说，倾听比表达对沟通的影响更大。倾听的姿态也让女性变得温婉知性，会解语从倾听开始。

005 别用唱反调表明自己的与众不同

中国人有句古话："成人之美"。可以说，成人之美是美德中的美德，也是我们中华民族的优良传统。反之，在与人谈话中，不但不成人之美，反而拆别人台，与人唱反调，不管别人说得对不对，都要反对一下，使人家的兴致化为泡影，那就注定要遭人唾弃，朋友、同事多半会疏远他。

有的人喜欢用唱反调来表现自己的与众不同。他们常为自己拥有与众不同的一孔之见而自鸣得意。与同事谈话，发表个人见解是可以的，但一味地唱反调，把他人驳斥得一无是处，以示聪明。这样的人即使真的见识高明，也是要不得的。

有这种习惯的人，朋友、同事多半会疏远他，没有人肯向他提建议，更不敢进忠告。也许他本来是很不错的一个人，可不幸的是养成了爱与人抬杠、唱反调的习惯，结果使人不喜欢他。

而有些人差不多已成习惯，专门和别人作对，无论别人说什么，他总要照例反驳。其实自己本来一点意见也没有，不过别人说"是"的时候，他一定要说"不是"；到别人说"不是"的时候，他又要说"是"了。这是个既无聊又可怕的习惯，往往在不自知中，让自己的见识观点变得狭隘浅薄，只在乎争辩的输赢，却失去真正思考的能力。还有些人自以为比别人高明，凡事都想占上风。这种态度也是要不得的。

唯一改善的方法是学会尊重别人。要明白日常谈论的话题十之八九没有绝对的标准，每个人的意见都不一定是对的，别人的意见也不一定是错的，辩驳输赢不如取长补短、认证辨别听取。别人如果提意见，如果不能即刻表示赞同，最低限度也要表示可以考虑，且不可马上反驳。交谈不是教导，不是讲大道理，不必摆出教导别人的架势。要是和朋友谈天更要注意，无谓的意见纷争只会把生活中的乐趣变得乏味。

我们常听到批评某人"抬死杠"，就是爱与人唱反调的表现，以此来显示自己的与众不同。现在你明白了唱反调是多么愚蠢，那么，希望你能避免与人故意"作对"才好。

PART 2
言之有趣，幽默是最佳的沟通语言

> 优雅女人说话要言之有趣，有声有色，这就要拥有一副好的声音，并要为它注入充沛的情感，在与人沟通时要懂得适当地轻松、幽默一下，制造快乐的氛围，这样的交谈才形色俱佳，引人回味。

001 打造有魅力的声音

声音一直有着美妙而神奇的力量，尤其对女性来说，如同她的第二张面孔。如果一个女子外表举止很美，说话的声音却不尽如人意，那么她给人的印象就要打一些折扣了。

甜美圆润或浑厚磁性的嗓音，会给人留下美好的印象，在第一时间抓住别人的心。聪明的女人会注意自己声音的力度、音阶和速度，就像一个音乐家，时时关注着自己演奏的音乐是否优美动人。温柔的语言、温和的态度、婉转的音调、悠扬的旋律，这些加起来，会极大增加女性的魅力。

阿根廷前第一夫人埃娃·贝隆被誉为"阿根廷玫瑰",她用自己的美貌和智慧征服了世界。少女时代的埃娃并不迷人。她身躯弱小,瘦骨嶙峋。不过,只要细看,就可以发现她容貌的一些动人之处。鹅蛋脸,高额骨,鼻子小巧端正,嘴巴大小适中,牙齿整齐洁白,前额也许太宽了一些,但更显示出天姿聪慧。更重要的是,她在歌舞和朗诵方面展现了自己的天赋。埃娃离开家乡,到首都布宜诺斯艾利斯闯天下的时候,既没有专业技术,又没有什么特长,只能以伴舞女郎、酒吧歌女、封面女郎、舞台剧中的小角色惨淡度日。后来听从大导演卢卡斯·德玛雷的建议,投考贝尔格兰诺广播公司。

凭着优美的声音,埃娃征服了贝尔格兰诺广播公司的主考官们。他们几乎用不着经过任何考虑就录取了她。1939 年 5 月,当埃娃刚刚过完她 20 岁生日时,她的声音第一次传遍阿根廷的大街小巷。此后埃娃的事业风生水起,她几乎成为人们生活中不可缺少的部分。许多人一下班就来到广播公司门口,为的就是见一见这位姑娘。埃娃在舆论界、新闻媒体和公众中的良好形象和巨大的影响力,很快引起了政界的重视。在一些官员支持下,埃娃获得了许多在公众活动中露面的机会。当年乡下的姑娘,也成功经历了从丑小鸭到天鹅的巨变。

最具魅力的声音是自然、诚恳、充满自信和富有活力的声音，这样的声音会迅速抓住听者的心，让声音形成迷人的风景。而语调在声音印象中也非常重要，美国《今日秘书》杂志中一篇题为《你的语调会妨碍你的前途吗》的文章，曾以旧金山一位办公室女性的经历为例，说明声音语气的重要。这位女士刚从一所有名的商业学校毕业，品学兼优，以一位办公室工作人员所具备的出色水平令人刮目相看。她受雇于一家大公司。上班刚满两星期，忽然接到通知，说她那刺耳又鼻音很重的语调使其雇主不胜其烦，因而将她解雇了。

那么，原本不好听的声音可以通过训练改善吗？当然可以。

人的声音是由发音器官来决定的，但是通过科学的发音方法练习，可以弥补声音的先天缺陷，增加声音的魅力。天生就拥有一副好嗓子是非常幸运的事情，但是专业的节目主持人，必须经过长时间发音练习，改善音质和音色，才能发出准确清晰、悦耳动听的声音。

自己的声音要靠自己来训练。如果想知道在别人耳中听到的你的声音是怎样的，可以用录音机，把自己对着麦克风说话的声音录下来，然后放给自己听。就这样反复地听，反复地练习，用这个办法就能检验自己对声音的训练是否取得了满意的效果。

自然的声音才是悦耳的，你要注意，交谈不是演话剧，无论你是什么样的语音，都应自然流畅，故意做作的声音只能事与愿违。我们所说出的每一个词、每一句话都是由一个个最基本的语音单位组成的，再加上适当的重音和语调。正确而恰当地发音，将有助于你准确地表达自己的想法与情感。

002 声音没有情感，如同人失去生命

　　说话的声音可以让人对他人产生美好的感觉，也可能会使人产生恶劣的错觉，它能在你疲倦时，让别人感到你仍"精力旺盛"，也能在即使你70多岁还使人觉得你"充满活力"。

　　用响亮而生机勃勃的声音与人交谈，会给人以充满活力与精力旺盛之感。当你向他人传递信息时，这一点至关重要。声音是会传染的，为你的声音注入活力，他人可以受到你的影响而振奋起来。你的话语中有多少激情，就会激起多少听众的激情。

　　大量事实证明，说话的魅力不仅在于语言的华丽、讲话的流畅，更在于你是否倾注了感情，表达了真诚！最能推销产品的人并不一定是口若悬河的人，而是真诚的人。当你用得体的话语表达出真诚时，你就赢得了对方的信任，建立起信赖关系；对方也就可能由信赖你这个人而喜欢你说的话，进而喜欢你的产品了。

　　因此，你向别人介绍你自己的时候，首先应想到的是如何把真诚注入言语之中，如何把自己的心意传递给对方。只有当听者感受

到你的诚意时，他才会打开心扉，接受你讲的内容，彼此之间才能实现沟通和共鸣。

正如白居易所说："感人心者，莫先乎情。"说话时既以理服人，又以情动人。人是感情动物，语言所负载的信息，除了理性信息外，还有感性信息。这种感性信息，内涵十分丰富，其功能不仅要诉诸人的理智，更要打动人的情感。

绝大多数人都喜欢和热情的人交流，因为大家在不熟悉的情况下，都害怕被拒绝。保持你的热情拿出微笑，别人会少了很多的陌生感，心理学家经过调查发现，面带微笑会让别人感到愉悦，并且拉近陌生人之间的距离。热情如火，要让别人看到你的主动，感受你的温暖。这时你就会赢得信任，和别人的交流就容易了。

"言为心声"，口才最重要的是要以情感人，没有感情就等于人没有生命。从表面上看，口才不过是用嘴巴去叙述，而实际上，是用心、用感情去和听众进行交流。当然，感情不可能凭空产生，感情来源于平时的经历和积累。没有丰富人生情感经历的演员不可能成为出色的演员，同样，没有丰富情感经历的人不可能有丰富的情感语言，所以一定要注意加强个人的情感积累。

003 用玩笑话创造轻松氛围

幽默是非常可贵的，特别在气氛非常紧张和严肃的场合时，一个适当的幽默玩笑可以松弛紧张的气氛，好比打开一道闸门，压力就此倾泻而出，换来的是融洽的气氛。幽默是社会活动的必备"礼品"，是活跃社交场合气氛的最佳"调料"。会说话的女人会巧妙地用幽默轻轻拂去可能飘来的一丝不快，改变人们的心情和处境，建构起特有的幽默氛围，巧妙得体地摆脱自己遇到的尴尬场景。

一位名叫阿丽莎的年轻女性花了将近一年时间，去筹划她的婚礼。她和未婚夫把婚礼安排在一个非常漂亮的宴会厅举办，邀请了300多位客人参加这次豪华的婚礼。为了把婚礼办得非常完美，她对每一个细节，比如客人喝鸡尾酒时用什么纸巾这类琐事，都要亲自把关。

婚礼进行得非常完美，直至那块非常昂贵的结婚蛋糕滑落在地。巧克力和奶油溅得满地都是，所有的客人都料定阿丽莎会失声痛哭。可让大家感到惊讶的是，阿丽莎低头看看地上破碎的蛋糕，开始笑出声来，随后就幽默地对大家说道："嗨，我原来是想订一个可占这么大地方的香草兰蛋糕！"

有时，人与人交往会发生一些不必要的尴尬，在此情况下，你若能从容地开个玩笑的话，紧张的气氛相信就能消失得无影无踪。善用幽默的人，大多能把幽默的力量运用得十分自如、真实而自然。

幽默是社交关系中所不能缺少的，是女性在社交场合中所穿的"最漂亮的服饰"，它能使陌生人变得熟悉，能给好的关系锦上添花，更能使尴尬的场面烟消云散，恰如当初。

有一次，相声演员马季和赵炎在山东演出。他们正在兴致勃勃地表演相声《吹牛》。台上的灯泡突然闪了一下灭了，台下顿时一片哗然，还有几个人乘机吹起了口哨起哄。只听马季随机应变地向观众说了一句："我们吹牛的功夫真到家，灯泡都被我们吹灭了。"说罢，台下立即报以热烈的掌声，气氛又活跃起来。

马季先生巧妙地将相声的名称"吹牛"与演出现场灯泡熄灭的场景结合起来，用幽默地话语引得听众大笑，从而化解了尴尬局面。

幽默也是矛盾冲突的缓冲剂，生活中难免会出现一些冲撞、误会和矛盾，高尚的幽默不仅可以淡化矛盾、消除误会，还可以表达歉意，或者婉转地加以批评，使人迅速摆脱困境，避免被动尴尬。

幽默使人轻松、愉快、爽心、舒畅。在这样活跃的气氛中，人们便于交流感情，因种种原因造成的隔阂也会随之消失，大家在笑声中拉近了双方的心理距离。有幽默感的女人能激起大家谈话的兴趣，给人带来欢乐。

有一位年近古稀的老人过生日时，一家子为老人家设家宴祝寿。正当全家人众星捧月般围坐在老人身旁，一边喜气洋洋地谈笑风生，一边敬酒吃菜。突然听到"叭"的一声巨响，原来是今年准备考大学的孙子碰倒了热水瓶。

孩子顿感手足无措，大家也有大煞风景的感觉。爷爷一惊之后，哈哈一笑说："这热水瓶早该碎了，孩子今年考大学，不能停在原来的'水平'上。今天他在这喜庆的日子里，打破了旧水瓶，这不仅像为我的生日放了鞭炮一样，而且是他考上大学的好兆头，你们说是不是这样啊？"

一席话说得一家老小哈哈大笑，生日喜庆的气氛更加热烈了，摆脱了窘境的孙子也不好意思地跟着大家笑了。

幽默是健康生活的营养品，凡具有幽默感的人所到之处，皆是一片欢乐和融洽气氛，他们偶尔说一句幽默的话、做一个滑稽的动作，往往都能引起人们会心的笑声，这种笑除了给人欢乐外，笑还能促进肾上腺素的分泌，加快全身血液循环，使新陈代谢更加旺盛，有延年益寿之功效，"笑一笑，十年少"，正是这个道理。

因此，在生活中，时时记得保持幽默的情怀，轻松幽默地开个得体的玩笑，松弛神经，活跃气氛，营造出一个适于交际的轻松愉快的氛围，生活也随之变得轻松自在。

004 谈吐幽默的女人最有魅力

英国著名女作家阿加莎·克里斯蒂同比她小13岁的考古学家马克斯·马温洛结婚后，有人问她为什么要嫁给一个考古学家，她幽默地说："对于任何女人来说，考古学家是最好的丈夫。因为妻子越老他就越爱她。"这一巧妙的解释，既体现了克里斯蒂的幽默感，又说明了他们夫妻关系的和谐。

英国思想家培根说过："善谈者必善幽默。"幽默的女人魅力就在于：话不需直说，却让人通过曲折含蓄的表达方式心领神会。二战结束后，英国女皇伊丽莎白到美国访问。当记者问她对美国的印象时，女王回答道："报纸太厚，厕纸太薄。"一句话让记者们哄堂大笑。但笑过之后，人们开始发现了伊丽莎白语言的意味深长。幽默不仅是女人的说话技巧，更是女人的一种智慧，这种智慧中蕴含着一种宽容、谅解以及灵活的人生姿态。

得体的幽默往往是女性有知识、有修养的表现，是一种高雅的风度。大凡善于幽默者，大多也是知识渊博、辩才杰出、思维敏捷的人。她们非常注意有趣的事物，懂得开玩笑的场合，善于因人、因事不同而开不同的玩笑，能令人耳目一新。

幽默的风格是良好性格特征的外露，恰如其分的幽默感可以展示一个人良好的形象，让他人感受到你的亲和力，使大家都喜欢与你交往。

幽默能激起听众的愉悦感，使人轻松愉快；可活跃气氛，便于双方交流感情，并在笑声中拉近双方的心理距离，让人感觉你很有亲和力，愿意与你交往。幽默还可使矛盾双方从尴尬的困境中解脱出来，打破僵局，使剑拔弩张的紧张气氛得以缓和，使你获得更多的朋友。

大家都喜欢跟幽默的女人交往。因为懂得幽默的女人更容易接近，给别人一种亲切感。懂得幽默的女人，身边的人自然会被她睿智的内心世界所吸引，而淡忘了她的外在条件。她散发出来的魅力磁场异常迷人，使周围的人愿意向她靠拢。幽默能显示出一个女人的风度、素养和魅力，能让人在忍俊不禁、轻松活泼的气氛中工作、生活和学习。

幽默可以使女人感染他人，激起高昂情趣，还可以缓解沉闷紧张的气氛，使大家在快乐、融洽、亲切、祥和的氛围中相处。在一个公益性组织举办的舞会上，一个初涉社会的男青年邀请了一位自视甚高的女人共舞。糟糕的是女青年舞技不熟，几次踩了对方的脚，男青年故作不安地问："哦，小姐，你怎么会答应与可怜的我跳舞呢？"这个女青年听后马上机智地回答说："这是个慈善舞会，不是吗？"幽默的回答使尴尬顿无，二人继续共舞，并结下一段甜美的情缘。

许多人认为幽默是上帝赋予的先天能力，后天无法获得。其实，幽默是可以学习的。生活中幽默无处不在，你得睁大眼睛、竖起耳朵，去观察、去倾听。当你能够用创造性的想法去表现自己的幽默时，你就会发现不但自己置身于幽默世界中，周围的世界也充满了美好。

005 幽默的谈吐与才智相连

幽默和笑一样丰富多彩，它有善意的、冷酷的、友好的、悲伤的、感人的、攻击性的、不动声色的、嘲弄的、挑逗的、和风细雨的、天真烂漫的、妙趣横生的，等等，这里不论属揶揄也好，充满同情怜悯也好，纯属荒诞古怪也罢，其意趣必须是从内心涌出，更甚于从头脑涌出的。只有这样，它才有一种生动感、生命感，表现出超卓的心智与心力，展开心灵的温暖与光辉。

幽默感是一种兴致和机智的混合物，一个人的幽默谈吐，是同他的聪明才智紧密相连的。因此，这就要求我们有良好的文化素养，丰富的文化知识，如果一个人对古今中外、天南地北的历史典故、风土人情等各种事情都有所了解和掌握，再加上有较强的驾驭语言能力，说话就容易生动、活泼和谐趣。古今中外著名的幽默大师，往往都是语言大师。幽默并不是矫揉造作，而是自然的流露。有人非常有见地，且深有感触地说："我本无心讲笑话，笑话自然从口出。"这句话正说明了这一点。

张大千是我国现代著名的画家，他颌下留长须，讲话诙谐幽默。

一天，他与友人共饮，座中所谈的笑话，都是嘲弄长胡子的。张大千默默不语，等大家讲完，他清了清嗓门，也说了一个关于胡子的故事：

三国时期，关羽的儿子关兴和张飞的儿子张苞随刘备率师讨伐吴国。他们两个为父报仇心切，都争当先锋，这使刘备左右为难。没办法，他只好出题说："你们比一比，各自说出自己父亲生前的功绩，谁父功大谁就当先锋。"

张苞一听，不假思索地张口说道："我父亲当年三战吕布，喝断坝桥，夜战马超，鞭打督邮，义释严颜。"

轮到关兴，他心里一急，加上口吃，半天才说了一句："我父五缕长髯……"就再也说不下去了。

这时，关羽显圣，立在云端上，听了儿子这句话，气得凤眼圆睁，大声骂道："你这不孝之子，老子生前过五关斩六将之事你不讲，却专在老子的胡子上做文章！"

张大千的故事还没讲完，在座的所有人都已经捧腹大笑了。

幽默的能力并不是任何人都有的，却是人人都可以做到的。比如，掌握一些现成的幽默的语言、逸事、故事之后，不但要做到不为所制，而且更重要的是灵活地、自由地套用它，来说明自己的观点，解决自己面临的困境。这时，要有一种大加发挥的气魄，切忌拘谨。而在发挥时，就不仅是套用了，而是创造幽默了。

古今中外浩瀚的书籍中，特别是在讽刺小说、喜剧剧本、漫画集锦、笑话集和寓言等作品中，幽默语言的记述甚多，不妨多多阅读这些作品，可以从中受到启发。此外，还可以多欣赏些滑稽剧、相声、小品等文艺节目，从而开阔眼界、丰富知识。

另外，一个人的幽默感与他的社会活动紧密相连，女性朋友要使自己谈吐风趣，最好的办法是向生活学习。中外无数的大政治家、大思想家、大文豪都是极富幽默感的人，而在我们的周围也不乏开朗风趣之人。跟各行各业的人聊天，你会经常意外地发现他们运用语言之妙，足以令人倾倒。在接近他们的过程中，你会增强自己语言的库存和会话的才能。幽默，也是一种"病"，跟幽默的人在一起待长了，自己就会受到"传染"。

就像所有的表达一样，了解基本规则并不保证就能说出精彩的话、写出动人的文章。著名语言学家吕叔湘先生说过，好的表达，就是适合此时、此地、此景的话，换了别的话不行；适合此次条件的话，下次不一定行。幽默也是如此，此时幽默，彼时会索然无味。貌似平淡的平常语言，用得适宜则妙不可言。

PART 3
言之有兴，积极沟通不冷场

> "交谈"是人与人之间传递信息，是为了增进彼此了解和认识，但在交谈中把话说好不是一件容易的事。要使交谈起到上述的积极作用，你应该注意让自己在表达时清楚明了，做到言之有理、言之有物，知道什么场合讲什么、怎么讲。

001 第一次见面交谈，说个创意开场白

与人交往，第一次见面说得好会给人留下深刻的印象甚至终生不忘；而如果说得差，就可能让人反感，这辈子都不想与之打交道。所以说，第一次见面的交谈最好能一炮打响。

一般来说，开始说话的前几分钟最能吸引听众，原因是：在这最初的几分钟内，每个人都会有意无意地表达真实感觉。卡耐基说："开场白是讲话者向听众最先发送的信息，它如戏曲演出前的开场锣鼓，直接影响到听众的心态。"

据媒体报道，流行歌星王力宏跟钢琴名家郎朗在中国香港有一场合作演出。原本王力宏以为，郎朗应该是个沉默寡言的"文艺青年"，没想到活泼的郎朗一见到他，就说了一个冷笑话："力宏，你是龙的传人，我是狼（郎）的传人。"这个超冷的开场白，立刻拉近了两个年轻人的距离。同时郎朗也凭借这么一句话，给王力宏留下了好印象。王力宏曾说："郎朗是我见过最好相处，也最热情的古典音乐家！"

对我们来说，要想说好开场白，让陌生人变得不再陌生，首先应当对拜会的客人做些了解，探知对方一些情况，关于他的职业、兴趣、性格之类。

当你走进陌生人住所时，你可凭借你的观察力看看墙上挂的是什么？国画、摄影作品、乐器……都可以推断主人的兴趣所在，甚至室内的某些物品会牵引起一段故事。如果你能把它当作一个线索，不就可以由浅入深地了解主人心灵的某个侧面吗？当你抓到一些线索后，就不难找到开场白了。

如果你不是要见一个陌生人，而是参加一个充满陌生人的聚会，观察也是必不可少的。你不妨先坐在一旁耳听眼看，根据了解的情况，决定你可以接近的对象，一旦选定，不妨走上前去向他做自我介绍。特别对那些同你一样，在聚会中没熟人的陌生者，你的主动行为是会受到欢迎的。

如果与陌生人见面，实在觉得不知说什么才好时，不妨以天气为开场白，这也是一个不错的选择。曾经有人这样说过："天气的话题是永远都不会过时的。"很多人在没话可说的时候都会以天气作为开场白，这样做其实是很有意义的。因为人与人之间的交谈与会议上的发言、演讲不同，不需要精心设计的开场白来吸引注意力，而是要从一开始就营造出一种自然放松的谈话气氛，从身边的小事谈起会收到很好的效果。

另外，以闲聊作为开场白，也是不错的选择。闲聊不需要才智，只要扯得愉快就行了。一个人绝非每天都在出席学术研讨会或新闻发布会，所以闲聊就成了与人交谈的重要组成部分。以闲聊作为开场白，不仅对于自己是必要的，而且能消除对方的紧张心理。在进入正题前聊些闲话，也可以营造出轻松的氛围，对进入正题是很好的铺垫。

不过需要注意的是，尽量不要采用流行语、口头禅作为开场白。可能有些女性从身边的孩子身上学到不少惯用的流行语，以为说了这些话就代表跟得上潮流。实则不然。说着一口年轻人的流行语，既幼稚又有失身份，完全背离了初衷，这可不是气质优雅的女性想要给人的印象。

002 沟通中的"废话"不可少

人与人的交谈中总带有一些"废话"：陌生人相见有礼节性的客套，客人会面要寒暄一番，实质性的话常常用委婉的说法表达出来……这些看来无关紧要的"多余话"，却是沟通不可或缺的工具。

人与人之间的交谈其实是一种感情的交流。你想让对方对你畅所欲言，必须首先形成一种安全的氛围，使对方的思维展开，这时人的心理才具有容纳性，才容易接受你的观点和劝导。

由此可以看出，所谓的"废话"也是人与人建立语言交流的方法之一，是交谈的润滑剂，它能使朋友在某种场合心领神会，让不相识的人相互认识，使不熟悉的人相互熟悉，把单调的气氛活跃起来，为双方进一步的攀谈架设友谊的桥梁。

说好第一句话，仅仅是良好的开端。要谈得有味，谈得投机，谈得其乐融融，双方就必须确立共同感兴趣的话题。有些女性朋友认为，素昧平生，初次见面，何来共同感兴趣的话题？这就要在讲话时仔细观察对方，从他的兴趣、爱好、个性特点，到他的水平和心情处境入手，初次见面要做到一点，就要洞幽烛微，由细微处见品性。

一次刘小姐在拜访陌生人时，见其墙上挂有"制怒"二字，便知对方有克服易怒缺点的要求。便问道："您平时很爱发脾气吗？"对方答："我很容易冲动，明知自己有这个毛病，有时却控制不了，为了提醒自己，就写下来挂到墙上，时刻告诫自己。"刘小姐由此话题谈开，先是表示非常理解，继而谈出自己的看法，对方也就同一问题谈出感想，两个人谈得非常投缘，这样就缩短了与陌生人的距离，两人颇有"相见恨晚"之感。

有些人在初识者面前感到拘谨难堪，只是没有发掘共同感兴趣的话题而已。我们可以在谈话的启动阶段对别人表现出关心的态度。嘘寒问暖的语言是必不可少的，比如："好久不见，最近还好吗？""刚到一个新的环境还能适应吗？""新同事刚来，有什么需要我帮忙的吗？"也许类似这样的语句对于所要沟通的内容并没有什么实质上的意义，但是这样的态度能让交谈的双方都感到放松、自然，谈话也有了继续的可能。尤其是当沟通的内容是不好的消息的时候，这样的谈话氛围就显得更重要了。

003 留意自己说话的语气

语气在和别人谈话中有着重要的作用，有的人说话对方容易接受、愿意接受，有的人说话对方就不容易接受、不愿接受或者很难接受。这其中固然有说话内容的因素，但语气的影响也同样不可小觑。同样的一句话，用不同的语气来说，就会起到不同的，甚至截然相反的效果。

一位水果商谈起生意的趣事时说：有很多水果很难从外表去判断它是不是很甜，所以有些客人就问老板："这个西瓜到底甜不甜呀？""你的橘子甜吗？"在这种情况下，如果用暧昧不明的语气回答说："大概很甜吧！或我想不会酸吧！"那么十个客人中定有七八个掉头就走。但是，同样的货物，如果改用不同的语气表示："如果我这儿的西瓜不甜，哪里还能买到甜西瓜呢？""我这里绝对不卖不甜的西瓜！"奇怪得很，这些货品就能很顺利地脱手。

这其实就是卖家的语气给了顾客信心，使顾客相信这些西瓜或橘子是甜的。所以，我们如果想在自己的内心里培植自信，首先得用肯定的方式，这是一个先决条件。运用肯定的语气，给自己肯定的鼓励，无疑是获取成功的第一步。

语气的表达也是因人而异的，语气能够影响听话者的情绪和精神状态。语气适应于听话者才能同向引发，如是喜悦的会引发出对方的喜悦之情，是愤怒的会引发出对方的愤怒之意；语气不适应于听话者则会异向引发，如生硬的语气会引发出对方的不悦之感，埋怨的语气会引发出对方的满腹牢骚，等等。

判断说话语气的依据是一个人内心的潜意识。语气是有声语言最重要的表达技巧。掌握了丰富、贴切的语气，才能使我们的思想感情处于运动状态，不时对通话人产生正效应。

大部分女人都有说话过于急促、细声细气的毛病。表达的诀窍在于音量适当、语调平稳，速度不缓不急，此举显示你对说话的内容信心十足。利用呼吸换气时断句，可以避免许多不必要的嗯啊等语病，使内容显得流畅、有条理。切忌以疑问句结束陈述事实的语句，以免影响语气的坚定。

譬如，说话时和声细语。这种声和气宛如柔和的月光、涓涓的泉水，由人心底流出，轻松自然，和蔼亲切，不紧不慢，能给听者以舒适、安逸、细腻、亲密、友好、温馨的感觉。人们在请求、询问、安慰、陈述意见时常使用这种声和气。它可以弘扬女性的阴柔之美，尤其是在抒发情感时，这种声和气的运用更具有一种迷人的魅力。还有的女性说话高声大气。这是一种人们用来召唤、鼓动、说理、强调和表达自己激动心情的声和气。它可以表现说话者的激情和粗犷豪放的气质。虽然它和大吼都属于高音频和高调值，但是它通常是用来表示极度的欢喜或慷慨激昂的。还有其他很多种语气，恶声恶气、怪声怪气、低声下气、唉声叹气、有声无气，等等。不同的声和气表达着不同的意思。因此，女性说话时，不仅要注重遣词字造句，更应该选用恰当的声和气。这一点十分重要。否则，再美的词语也会失去光彩，并很有可能引起听者的猜疑、妒忌、不满、反驳、敌视、唾弃和嘲笑。

选择用怎样的语气谈话，要取决于你所处的场合、谈话对象、谈话内容和目的等各种因素，需要具体问题具体分析。事前意识到讲话语气的作用对你的谈话目的的达成是大有裨益的。例如，"我爱你"这三个字，如果用真挚的语气说出来，那就是满怀着对于自己爱人的一腔真情；如果用油腔滑调的语气说出来，那就是另外一种情景了，所以，一定要注意自己在说话时的语气。

总之，事情有轻、重、缓、急，语气有抑、扬、顿、挫。女性只有把握好说话语气的分寸，才能使说出的话被对方充分理解和接受，才能收到说话的预期效果。

004 不了解对方时，热点话题更安全

交谈让人与人之间可以传递信息和情感、增进彼此了解，但是在交谈中把话说好不是一件容易的事。其中最困难的，就是找话题。

一般来说，交谈的第一句是最难的。因为你不熟悉对方，不知道对方的性格、爱好和品性，又受时间的限制，不容许你多做了解或考虑，而又不宜冒昧地提出特殊话题。这就如同我们写文章，如果有了好题目，往往会文思泉涌，一挥而就；交谈也是如此，有了好话题，常能使谈话融洽自如。好的话题是初步交谈的媒介，深入细谈的基础，纵情畅谈的开端。好话题的标准是：至少是一方熟悉，能谈；大家感兴趣，爱谈；有展开探讨的余地，好谈。

选择众人关心的事件为题，围绕人们的注意中心，引出大家的议论，导致"语花"四溅，形成"中心开花"。如某铁路道口，因道口管理人员的失职，致使公共汽车和火车相撞。有人在事故见报后第二天与大伙交谈时，提出这一话题，顿时大家议论纷纷，有的补叙自己所知的情节，有的发表对失职者的处罚意见，有的谈论职业道德的重要……七嘴八舌，十分热闹。这类话题是大家想谈、爱谈、又能谈的，人人有话说，自然就谈得热闹了。

心理学认为，发展和实现人的潜力，是人贯穿一生的活动，生活的中心任务，就是找出尽可能充实的生活方法。不幸的是，就人们的经验或经历而言，人们生活在社会中，却常常感到和人相处不好，给自己带来许多不必要的烦恼。每一个人都生活在一定的文化群体或其他机构之中，在某种意义上，社会的每一个部分往往都有其鲜明的人格特征，就是说，每个人都有其特定的方式来行事处世。但是，当你说话时，别人对你的话题感兴趣而且很乐意参与到这个话题当中时，就意味着你们接下来的谈话可能很愉快。

要找到共同感兴趣的话题并不是很难，首先你要看和你交谈的对象是谁？如果是你的客户，那么你的客户是一个什么样的层次呢？如果是老板类的，那么对于车、房、商业问题都是很好的交流话题。但是如果说是同事的话，一般就是聊一些家常、杂志、新闻类的话题。所以，想要找到共同的话题，首先你要先了解和你聊天的对象。

比如，和客户谈工作，如客户在工作上曾经取得的成就或将来的美好前途等。

谈论时事新闻，如每天早上迅速浏览一遍报纸，等与客户沟通时首先把刚刚通过报纸了解到的重大新闻拿来与客户谈论。

询问客户的孩子或父母的信息，如孩子几岁了、上学的情况，父母的身体是否健康等。

谈论时下大众比较关心的焦点问题，如房地产是否涨价、如何节约能源等。

同时，选择话题时还要注意选择擅长的话题，尤其是交谈对象有研究、有兴趣的话题。比如，青年人对于足球、通俗歌曲、电影电视的话题关注较多；而老年人对于健身运动、饮食文化之类的话题较为熟悉；公职人员关注的多是时事政治、国家大事，而普通市民则更关注家庭生活、个人收入等；男人多关心事业、个人的专业；而妇女对家庭、物价、孩子、化妆、衣料等更容易津津乐道。

一位小学教师和一名泥瓦匠，两者似乎没有相同之处。但是，如果这个泥瓦匠是一位小学生的家长，那么，两者可以就如何教育孩子各抒己见，交流看法；如果这个小学教师正要盖房或修房，那么，两者可以就如何购买建筑材料、选择装修方案沟通信息切磋探讨。只要双方留意试探，就不难发现彼此有对某一问题的相同观点、某一方面共同的兴趣爱好、某一类大家共同关心的事情。

另外，参加聚会的很多朋友可能是第一次见面，在这样比较陌生的环境中，最好要选择众人关心的事件为话题，把话题对准大家的兴奋中心，比如最近的食品安全问题，这类话题是大家想谈、爱谈、又能谈的，人人有话，自然能说个不停了。

总之，女性朋友在交际中，抓共同语言、抓共同感兴趣的东西是很重要的，这样才有话可说，才能深入地交往下去。否则，话不投机半句多。在交谈中，循规蹈矩，反使人感到寡淡无味，丧失兴趣。女性应学会和更多的人谈得来，使谈吐优雅大方，妙语连珠。在实践中不断摸索最佳的表达方式，同时，把交际中遇到的有意思的话或事例记下来，日积月累，便会感悟到语言的无限魅力和奥妙。

005 在适当时刻引出新话题，避免冷场

在交谈中，避免冷场是谈话双方共同希望的，但万一出现冷场时，你还是要有所准备。很多人在和陌生人交流的时候，因为事先并没有时间和精力去了解对方，因此在交流中往往会出现冷场的局面，这种局面令大家都很尴尬，因此，我们有必要在适当的时候引出适当的话题，既能让对方明白你的意思，又不至于让双方一直尴尬下去。这种情况特别是在请求人家帮助你做什么事情的时候，更是需要。因为一般你在求人帮助的时候，往往都不是单刀直入的，而是在经过一段时间的寒暄之后才提出来的，这就需要一个技巧和时机的问题，话题该怎么提出来，又该怎么过渡，这也是一个说话的学问。

没话找话的关键是要善于找话题，或者根据某事引出话题。因为话题是初步交谈的媒介，是深入细谈的基础，是纵情畅谈的开端。没有话题，谈话是很难顺利进行下去的。

茉莉和艾伦是同事，但是互相都不太熟悉，礼拜一早晨，她们聊了起来。

茉莉：哦，上个周末我家可热闹了。我的父母，还有姐姐一家三口，在我家玩了一整天，我又是做饭，又是陪他们玩，他们走后，我还把房间收拾了一遍，可把我累惨了！真想好好休息一下。

艾伦：真是够累的！但是上个周末，我生病了，所以我什么也没做，就在沙发上躺着看电视了，昨晚我看了一场台球比赛，奥沙利文的斯诺克打得太棒了！真是大饱眼福……

茉莉：真的吗？……可惜我错过了……我其实更喜欢音乐。我看了关于爵士乐的录像，我十分喜欢那一类音乐。

谈话就此结束，两个人都觉得很是郁闷，茉莉对台球知之甚少，当艾伦谈到台球比赛时，她感到不舒服，觉得自己很无知，如果继续这个话题，她的这些缺点将暴露无遗。所以，她改变了话题，结果造成了冷场，彼此都觉得很尴尬。

聪明的女性朋友要能巧妙地接答对方的话茬儿，可以把原来的话题引向另一个话题，使谈话转变一个角度继续进行下去。

刘娜是公司负责某一地区的销售业务员，公司为了加强和客户之间的联系，特举办了一年一度的"工商联谊会"，公司安排刘娜在会议期间陪同她的客户顾某。她们路过一家商场，谈起了商场销售情况。末了，顾某深有感触地说："现在，市场竞争够激烈的。"刘娜接过她的话茬儿说："就是，在你们单位工作的业务员也不少吧？"就这样刘娜既把话题延伸下去，同时又把话题朝向有利于自己的方向发展。

孔子说："道不同，不相为谋。"只有志同道合，才能谈得拢。我国有许多一见如故的美谈。陌生人要能谈得投机，要在"故"字上做文章，变"生"为"故"。

女性朋友要做到变"生"为"故"，首先得看准情势，不放过应当说话的机会，适时插入交谈，适时地"自我表现"，以便让对方充分了解自己。交谈是双边活动，光了解对方，不让对方了解自己，同样难以深谈。陌生人如能从你"切入"式的谈话中获取教益，双方自然会亲近。

许女士到医院里就诊，坐在候诊大厅里，邻座坐着的一位大姐很健谈，大姐主动问她："你是来看什么病的？听口音不像本地人，你老家是哪里的呀？"当她得知许女士是山东青岛人时，很高兴地说："青岛非常美，我以前出差多次去过……"许女士便问："那您在什么单位工作呀？"于是她们亲切地交谈起来，等到就诊时，她们已经是熟悉的朋友了，分手时还互邀对方做客。

熟悉的事物总能唤起人们心中强烈的温馨感和怀旧情绪。当我们与陌生人交谈时，如果尽说一些对方知之甚少的话题，只会使两个人更加疏远；相反，如果能根据对方的背景，多谈一些对方熟悉的事物，则能够经常勾起对方的回忆，使其"爱屋及乌"，对我们产生亲切熟稔之感。

另外，当因为话不投机而使谈话突然中断时，女性朋友可以以身边的事物为话题。其实话题是很容易发掘的，比如"你家小狗好聪明喔""这地方的装饰真别致"，等等，只要你多用心去观察，身边的一草一木都可以成为话题素材，这些话题不但轻松自然，还可以拉近你与对方的距离，增进亲切感。

最后，女性朋友在与对方交谈时，还要留些空缺让对方接口，使对方感到双方的心是相通的、交谈是和谐的，进而使双方之间的距离缩短。因此，和他人交谈时，千万不要把话讲完，把自己的观点讲死，而应虚怀若谷，欢迎探讨。

006 为尴尬的人搭个台阶

生活中的我们难免会遇到尴尬的情况，就如那句歌词说的，"最怕空气突然安静"。然而，就在我们对尴尬局面束手无策、只能任由气氛继续"恶化"的时候，却总有一些人，能以三言两语轻描淡写地将尴尬转化。其实，仔细想想，化解尴尬其实并不是什么大事，它也并不如我们想象中那么困难。

一次老同学聚会，大家见面分外亲热，聊得十分高兴。这时，一位男士对一位女性信口开河地说道："你当初可是主动追求我的，现在还想我吗？"在老友重逢的气氛中，这位男士的玩笑话确实有些不妥，但也无伤大雅。但这位女性由于某种原因心情不好，竟然脸色一变，气呼呼地说："你神经病！谁会追求你这种心理龌龊的人。"她的声音很大，在场的人惊讶地看着她，都觉得很尴尬，场面一下子冷下来。这时，另一位朋友站了起来，笑着说："我们小妹的脾气还没变啊，她喜欢谁，就说谁是神经病，说得越厉害越让人受不了，就表明她越喜欢。小妹我说得对吧？"一番话，让大家都想起了大学时的美好生活，不由得七嘴八舌，互相开起玩笑来，一场风波也就平息了。

善于解围的人，总是给人以善解人意、聪明机敏的印象。自然，他们更容易被赏识和信任，也看起来更有魅力。我们在生活中会遇到很多这样的情况，比如，自己的上司处于尴尬局面，自己的朋友和别人争吵不休，这时候你就需要主动将尴尬局面化解，使得事情能够更妥帖地得到解决。

慈禧太后爱看京戏，看到高兴时常会赏赐艺人一些东西。一次，她看完杨小楼的戏后，将他召到面前，指着满桌子的糕点说："这些都赐给你了，带回去吧。"

杨小楼赶紧叩头谢恩，可是他不想要糕点，于是壮着胆子说："叩谢老佛爷，这些尊贵之物，小民受用不起，请老佛爷……另外赏赐点……"

"你想要什么？"慈禧当时心情好，并没有发怒。

杨小楼马上叩头说道："老佛爷洪福齐天，不知可否赐一个'福'字给小民？"

慈禧听了，一时高兴，马上让太监捧来笔墨纸砚，举笔一挥，就写了一个"福"字。

站在一旁的小王爷看到了慈禧写的字，悄悄说："福字是'礻'字旁，不是'衤'字旁！"杨小楼一看，心想：这字写错了！如果拿回去，必定会遭人非议；可不拿也不好，慈禧一生气可能就要了自己的脑袋。要也不是，不要也不是，尴尬至极。慈禧此时也觉得挺不好意思，既不想让杨小楼拿走，又不好意思说不给。

这个时候，旁边的大太监李莲英灵机一动，笑呵呵地说："老佛爷的福气，比世上任何人都要多出一'点'啊！"杨小楼一听，脑筋立即转过来了，连忙叩头，说："老佛爷福多，这万人之上的福，奴才怎敢领呀！"

慈禧太后正为下不来台尴尬呢，听两个人这么一说，马上顺水推舟，说道："好吧，改天再赐你吧。"就这样，李莲英让二人都摆脱了尴尬。

对于领导和下属而言，工作上的支持是相互的，处于工作矛盾焦点中的上司，同样也希望自己的下属能在关键时刻为自己解围。在商业合作中，当双方气氛僵持时，身为下属的你，也要能够及时将这种僵持感削弱，从而使得合作能够顺利开展下去。

而要想成功地打圆场，可以针对实际情况区别对待，或用幽默的话语转移话题，制造轻松气氛；或肯定双方看法的合理性，找到双方都能接受的解决方法。具体说来，以下两种处理方式都有不错的效果，我们可以根据实际情况灵活运用。

1. 转移话题，制造轻松气氛

如果某个较为严肃、敏感的问题弄得交谈双方都很对立，甚至阻碍交谈正常顺利进行时，我们可以暂时让它回避一下，通过转移话题，用一些轻松、愉快的话题来活跃气氛，转移双方的注意力，使原来僵持的场面重新活跃起来，从而缓和尴尬的局面。

2. 善意曲解，化干戈为玉帛

如果沟通的双方或第三者由于彼此言语造成误会，常常会说出一些让别人感到惊讶的话语，作出一些怪异的行为，从而导致尴尬和难堪场面的出现。为了缓解这种局面，我们可以装作不明白或故意不理睬他们言语行为的真实含义，而从善意的角度来作出有利于化解尴尬局面的解释，即对该事件加以善意的曲解，将局面朝有利于缓解的方向引导转化。

007 真诚赞美，杜绝不走心

美国哲学家约翰·杜威说过："人类本质里最深远的驱策力，就是希望具有重要性。"此话不假，作为一个正常人，每个人都渴望被认可、被肯定甚至被崇拜；当然也没有任何人愿意被他人藐视，每个人都希望获得他人的尊重，而赞美无疑可以使人们的自尊心得到极大的满足，进而使对方感觉到他是一个重要的人。

《红楼梦》里刘姥姥的一段话很有意思。当贾母问她大观园好不好时，刘姥姥并没有直接地回答说"好"。她首先是念了一声"阿弥陀佛"，然后像讲故事那样说道："我们乡下人到年关，都上城里来买画儿贴。时间长了，大家都说，怎么也得到画儿上去逛逛。想着那画儿也不过是假的，哪里有这个真地方呢？谁知我今儿进这园里一瞧，竟比那画儿还强十倍。怎么也得有人照着这个园子画一张，我带回家去，给他们见见，死了也值得。"

　　刘姥姥先把乡下人过年买画的习俗说了一遍，如拉家常，接着又说盼望有朝一日到画里去逛逛，通过自己的心愿，侧面烘托图画之美。然后一转，又说不信世上真会有那么好的地方，表面上是怀疑，但其实是在进一步赞美。接着又一转，说眼前的园子比画上更美。刘姥姥一回答贾母的询问，就竭尽赞美之能事，却又不露痕迹。

　　而高潮还在后面，她说希望有人能照着园子画一张，让她带回去，让大伙见识见识，她也荣耀荣耀，还说死也值得。

　　刘姥姥把好处说尽，赞美得自然亲切，末了又让人觉得那样真诚，难怪贾母听了心花怒放。

　　办公室里，沉闷紧张的气氛之下，赞美是极好的润滑剂。比如，某个同事刚好成功地完成了某项任务，或者顺利出差回来，别忘了恭贺他们："你真行，难怪老板器重你！""你的干劲实在值得我们好好学习！""旗开得胜，看来下一个任务又是你的囊中物了！"

当然，也不要忽视了对女性同伴的赞美。

其实女性间轻松相处的最简单的方法就是适度赞美。若想获得女性同伴的好感，适度的赞美可以迅速拉近彼此的距离，让她感受到你的善意。

赞美是一件好事，但要恰如其分地赞美别人是很不容易的事。如果称赞不得法，反而会遭到排斥。赞美的话不能过多，多了对方会不自在，觉得你是虚情假意，你习惯于对每个人都花言巧语，因此而不信任你。赞美过多也不利于交谈，在谈话中频频夸对方"好聪明""好有能力"，对方频频表客气，谈话往往无法顺利进行。

经常看到有人在称赞别人时表现出来的那种漫不经心："你这篇文章写得蛮好的。""你这件衣服很好看。""你的歌唱得不错。"这种缺乏热诚的空洞的称赞并不能使对方感到高兴，有时甚至由于你的敷衍而引起反感和不满。

如果把以上这些话改成："这篇文章写得好，特别是后面一个问题有新意。""你这件衣服很好看，这种款式很适合你的身材。""你的歌唱得不错，不熟悉你的人没准还以为你是专业演员呢。"这些带有实质性的内容，远比空洞的赞扬显然更有吸引力。

PART 4
言之有味，"坏"话好说并不难

> 智慧女人说话言之有味，轻声细语，措辞巧妙，她们能把话说到对方的心窝里，从她们的言语中便能够体味到她们的智慧与豁达。女人说话不仅要有品位，更要有滋味，只有这样才能让人欣赏、让人喜欢。

001 甜美的微笑是女性的撒手锏

很多女性朋友将要外出时都很重视自己的服饰仪容，临行前她们总是要对着镜子刻意打扮一番，看口红是否均匀，头发是否凌乱，唯恐因外貌粗俗而令人看不起。但是她们很少注意到自己的面部表情，很少意识到自己的微笑将对办事产生的影响。其实，有时候，微笑比仪容更重要。

每个人都希望别人用微笑去迎接他，而不是冷眼斜视或者面无表情。一个懂得热情微笑的女人不仅显得和善谦逊，而且会让他人觉得你值得充分地信任和依赖，从而自然而然地想去亲近你、了解你。

"回眸一笑百媚生"，说的是女人笑容的力量。然而，并不仅仅限于此，女人的笑容背后往往还孕育着坚实的力量。它能以温柔的方式化解人生各种寒冰，能指引你到达光明，领略生命的最美境界。

有一位叫珍妮的小姐去参加联合航空公司的招聘，她之所以被录取，就是因为她的脸上总是带着微笑，她最大限度地发挥了她的优点。

面试过程中，令珍妮惊讶的是，主试者在讲话时总是故意把身体转过去背着她，你不要误会这位主试者不懂礼貌，他是在体会珍妮的微笑，感觉珍妮的微笑。因为珍妮的工作是要通过电话的，是有关预约、取消、更换或确定飞机班次的事情。

后来，那位主试者微笑着对珍妮说："小姐，你被录取了，你最大的资本就是你脸上的微笑。你要在将来的工作中充分运用它，让每一位顾客都能从电话中体会出你的微笑。"虽然没有太多的人会看见她的微笑，但他们通过电话，可以知道珍妮的微笑将一直伴随着他们。

从心理学的角度来说，微笑代表了友好与开放的心态，很容易给别人留下乐观、真诚、善意、体贴的印象。任何人都不喜欢用热脸贴冷脸，也没有人会将你的好意拒之千里。微笑就像一种强力胶，会把彼此的心拉得更近。

世界名模辛迪·克劳馥曾说过这样一句话："女人出门时若忘了化妆，最好的补救方法便是亮出你的微笑。"真诚的微笑透出的是宽容、是善意、是温柔、是爱意，更是自信和力量。微笑是一个了不起的表情，无论是你的客户，还是你的朋友，甚或是陌生人，只要看到你的微笑，都不会拒绝你。

笑是所有人嘴边一朵美丽的花。女性的微笑，是一封最好的自我介绍信，是袒露内在心灵善良柔美的永恒佳作。它传递着热情，散发着温馨。自然的微笑可在瞬间缩短与对方的心理距离，是与人交际的优质传导体。对陌生人露出微笑，传达着你的随和与友好；对冒犯你的人展现笑容，传达着你的宽容与谅解；对钟情你的人微笑，传达着你的倾心与接纳；对周围的人微笑，传达着你对生活环境的适应与融入。

笑容是世界上最美丽的表情，它能确确实实地拉近你和对方之间的距离，是人们交际的一种必备武器。美丽的笑容，犹如桃花初绽，涟漪乍起，给人以温馨甜美的感觉。女子若在各种场合能恰如其分地运用微笑，就可以传递情感、沟通心灵，甚至征服对手。

有一位业绩卓著的女推销员，她推销的成功率高得让人不敢想象。她的秘诀其实很简单：在她每次敲开陌生人的门之前都对着随身携带的镜子微笑，当她觉得自己的笑容足够真诚时，才带着这样的微笑去敲门，客户就是因她这样永远不变的笑容而情不自禁地被她说服。

微笑是温馨、亲切的表情，能有效地缩短双方的距离，给对方留下美好的心理感受，从而形成融洽的交往氛围。它是一种魅力，可以使强硬者变得温柔、使困难变得容易。

当你迎面向着一位陌生人走过去的时候，如果你脸上带着和善、友好的微笑，尽管你们素不相识，对方仍然会对你报以真挚诚恳的笑意。因为自然、灿烂的笑容是给他人留下良好印象的最佳利器，也是最容易让别人在心理上接受你的方法之一。

但是，女性在微笑时也要讲究技巧，有节制的微笑才更能够显示出女性的魅力。有的女性笑起来就一发不可收拾，搞得别人莫名其妙，这样就会使自己的形象大打折扣。工作毕竟是一件严肃的事情，没有节制的笑肯定会影响办事的效果。女性在工作时，如果遇到令人发笑的事情，要适宜地露出自己的笑容，要笑得既不张狂也不做作，还能够表现出倾听的热情，这样就能够为自己的形象加分。

002 安慰在于表达支持

人生的道路崎岖不平，逆境往往多于顺境，人们往往要面临一些突如其来的不幸。身处逆境，面对不幸，当事人不仅需要自我调节，坚强起来，战胜不幸，也迫切需要别人的安慰。一个痛苦两个人分担就会变成半个痛苦。亲切的安慰如雪中送炭，能给不幸者以温暖、光明和力量。

当别人身陷困境，心灵的天空布满乌云，觉得郁闷悲伤时，你的一句充满关爱体贴的话语，让他顿觉这比什么都温暖都有力量。他可能被一个问题困扰了许多年，犹如走入迷宫，怎么也绕不出来，一句指点迷津的点拨，会使他豁然开朗，驶入一个无限广阔的空间。

林琳参加工作不久，单位的同事不仅强加给她很多工作，还总是在老板面前说她能力不行，办事总是出错。这给了初入职场的林琳很大打击。她打电话向母亲诉苦："妈，我不知道该怎么办了，别人都不愿意跟我说话，甚至有好几次，她们在订午饭的时候故意没有订我的份儿。妈妈，我觉得我没有做错，我并没有对大家不好……"

听林琳说完,妈妈安慰说:"孩子,如果你认为自己可以解决现在的问题,并在单位好好干下去,妈妈会很开心,毕竟那是一家不错的企业。如果你觉得实在忍无可忍,没法再干下去了,妈妈也不会怪你。不论你作出怎样的选择,妈妈都会支持你。"

相信不论哪一个做女儿的,听到做母亲的这番话,内心的温暖都会油然而生,委屈会减少很多。最终,林琳并没有离开公司,而是向妈妈请教了很多职场的窍门,来处理自己所遇到的问题。

面对面地安慰别人,效果究竟如何其实与我们是否真诚有很大关联,因为假如我们对对方的遭遇感同身受,我们不仅会分担对方的痛苦,也需要忍受自己内心的煎熬。而这一点是女人容易做到的,因为女人天生就有一颗善感的心。对于被安慰者来说,这种感同身受的表现与安慰,就是他们需要的最好的礼物。

米佳不久前刚刚失恋,在热恋中原本卿卿我我的一对,忽然间反目成仇,难免会产生失落感而变得消沉,爱恨交织,精神恍惚,整个人瘦了一圈儿。别人安慰她时总是在不停地询问分手的原因,争论谁对谁错的问题,越争论米佳就越觉得自己委屈,从而情绪更加低落。于是米佳的朋友小欧避开爱情这个话题,请她去看了一场她最爱看的足球赛,在比赛中小欧不断鼓励她:"人生是五彩斑斓的、美好的,同时也是充满坎坷的,正如踢足球一样,难免会跌跟头,只有不断爬起,勇敢乐观地面对人生的磨难,才会获得最终的幸福。"从此以后,米佳好像换了个人,不再长吁短叹、怨天尤人,而是更加积极努力地工作,更热情地对待周围的每一个人,得到了大家的一致好评。不久,又有一位善良帅气的小伙子进入了米佳的生活。

人的一生摆脱不了痛苦,面对不幸,人们不仅需要自身的坚强,更需要别人的关心和安慰。真诚、适当的安慰无疑会使不幸者重新鼓起生活的勇气,感受到生活的温暖,使不幸者在内心深处感激你的关心与爱护,从而加深彼此间的友情。

对别人的不幸表示同情,就是给予别人的安慰。"这点小困难算什么,何必这么苦恼呢?"如果你仅用这两句来安慰一个人,那么你还是不说为佳。因为他觉得这个问题让他苦恼,而你却说他不值得这样苦恼,你不仅没有给他安慰,反而让他感到愤怒。即使他不明说,心里也会想:"你懂什么?你只会说风凉话,难道我会为了不值得的事情自寻烦恼吗?"

女性朋友在目睹别人的伤痛时,一方面要允许他们发泄出来,另一方面可以陪着一起流泪。在朋友无法清晰表达时,千万不要急着追问。你应该在听完倾诉后说:"我虽然不知道发生了什么,也不知道应该怎么说,但我真的很关心你。""我知道你很坚强,你一定有能力战胜困难。"当我们给对方传递了这样的信息时，也体现了我们对对方伤痛的尊重，并随时准备帮助他们。同时，也增加了对方战胜伤痛的信心。

安慰是一种艺术，有时候一句话、一个动作就够了。安慰就是要让对方感到你对她的关心和支持，要让她有归宿感、安全感。比如，轻轻地握握对方的手，给对方一个深情的拥抱。

安慰的前提是你要同情对方的苦恼，才能知道如何安慰他。"我明白你的痛苦，不过生活中偶尔的苦恼是难免的。我们的生活不会永远都四季如春，我们也要经历寒冬不是？今天虽然下雨，但明天依然会阳光灿烂啊。"这样的话才能说到对方的心里去。

003 看破不说破，留给对方自省的空间

为了帮助别人发现错误以便及时改正，我们总是乐于给对方一些善意的提醒。但是，一定要注意方法，对于别人的错误，大可不必完全说破，有时只需用事实轻轻一点，就能够达到较为理想的效果。

指正的话越少越好，能用一两句使对方明白即可，然后将话题转到其他地方。不要喋喋不休地唠叨个不停，让对方陷于窘境，产

生反感。对方做一件事情，其中有错误的地方应该指出，但做得正确的地方也应加以肯定，这样对方才会因为你赏罚分明而心悦诚服。

可见，点到为止的批评方法的确效果非凡。在一些场合中，一方面，该说的话不能不说，原则不可放弃；但另一方面，也不能将关系弄僵，伤害彼此的面子与和气。所以，这时我们只需点出他的错误之处。这种方法要比直来直去、当面锣对面鼓地否定他人效果好得多，当然这也需要你有更高的修养和智慧。

人难免会因一时的糊涂而犯错误，这就需要批评者在批评时把握分寸：既要指出对方的错误，又要给对方留面子。心理学家研究表明，谁都不愿把自己的错处或隐私在公众面前曝光，一旦被人曝光，就会感到难堪或恼怒。因此，在交际中，如果不是为了某种特殊需要，一般应尽量避免触及对方所避讳的敏感区，避免让对方当众出丑。必要时，可巧妙地暗示一下他的错处，使他产生一种压力，但也不可过分。还是那句话：点到为止就可以了。

俗话说，响鼓不用重锤。如果对方犯的不是原则性错误，或者不是正在犯错误的现场，我们就没有必要"真枪实弹"地批评。可以不指名道姓，用较温和的语言，只点明问题，或者是用某些事物对比、影射，也就是平常所说的"点"到为止，起到一个警告作用。但是，如果遇到自我意识差，依赖性强，不点不破、不明说不行的人，也可以用严肃的态度、较尖锐的语言直接警告他。

点破之言应力求简短，最好一两句话就能使对方领悟，然后再自然地转到别的话题上。千万不能多次重复对方的错误，否则就极容易让对方觉得你在紧抓他的错误不放，使对方陷入窘境而产生抵触情绪。

当然，想把话说得滴水不漏，在使用"点破不说破"的语言技巧时，要注意语言不能晦涩难懂。任何语言的表现技巧都是首先建立在让人听懂的基础上，同时必须把握好使用范围，如果不分场合，也是达不到预期效果的。

004 含蓄得体胜于口若悬河

在人们的语言交往中，考虑到双方的关系或出于某种原因，说话者对有些话不能或者不便直接说出来，而要用较为委婉的语言，把本来要说的话或者要表达的意图暗示出来，让对方去领会和思考。这种委婉的暗示，实际上就是一种迂回的劝说。

公元前265年，赵国的赵太后执政不久，秦国便发兵前来进攻。赵国求救于齐国。齐国提出必须以赵太后的小儿子长安君作为人质，才肯发兵相救。但是赵太后舍不得小儿子，坚决不允。赵国危急，群臣纷纷进谏。赵太后依旧坚决地说:"从今日起,有谁再提用长安君当人质,我就往他脸上吐唾沫。"大臣们便不敢再多说什么。

有一天,左师触龙要面见赵太后,赵太后认为触龙一定是为了劝谏的事而来,于是她便摆开了吐唾沫的架势。不想触龙慢条斯理地走上前,见了太后,关心地说:"老臣的脚有毛病,行走不便,因此好久未能来见太后,我担心太后的玉体违和,今天特地来看望。最近太后过得如何?饭量没有减少吧?"

太后答道:"我每天都吃粥。"触龙又说:"我近来食欲不振,但我每天坚持散步,饭量才有所增加,身体才渐渐好转。"

赵太后听触龙不提人质的事,怒气也渐渐消了。于是两人亲切、融洽地聊了起来。

聊着聊着,触龙向赵太后请求道:"我的小儿子叫舒祺,最不成才,可是我偏偏最疼爱这个小儿子,恳求太后允许他到宫中当一名卫士。"

太后赶紧问触龙:"他几岁了?"

触龙答:"十五岁。他年岁虽小,可是我想趁我在世时,赶紧将他托付给您。"

赵太后听到触龙这些爱怜小儿子的话,深有同感,便忍不住与他闲谈。

太后说:"真想不到你们男人也疼爱小儿子呀!"

触龙说:"恐怕比你们女人更爱小儿子。"

触龙见时机已到，于是把话题深入一步，说："老臣认为太后爱小儿子爱得不够，远不如太后爱女儿那样深。"太后不同意触龙的这个说法。

触龙解释道："父母爱孩子，必须为孩子做长远的打算。想当初，太后送女儿远嫁燕国时，虽然为她的远离而伤心，可是又祈祷她不要有返国的一日，希望她的子子孙孙相继在燕国为王。太后为她想得这样长远，这才是真正的爱。"

太后信服地点了点头。触龙接着说："太后如今虽然赐给长安君许多土地、珠宝，但若不使他有功于赵国，太后百年之后，长安君能自立吗？所以我说，太后对长安君不是真正的爱护。"

触龙这番话说得赵太后心服口服，同意给长安君准备车马、礼物，送他去齐国当人质，并催促齐国出兵。而齐国也很快就出兵解了赵国之围。

触龙说服赵太后的方法，便是运用了以迂为直的策略。先找出对方与自己观点相同之处，借此拉近彼此的距离。通过创造开心和融洽的气氛，交流沟通起来就事半功倍。从心理学的角度看，不论是提出自己的看法，还是批评或劝说他人，委婉含蓄的话往往既照顾了对方心理上的自尊，又容易令对方认同、接受你的说法。

比如，某家旅店的服务员，发现房客何夫人前一天晚上已经结了账，可今天仍然住在房间里，而这位何夫人又是经理的好友，怎么办呢？如果直接去问何夫人何时起程，就显得不礼貌，但如果不问，又怕何夫人赖账。

　　大家商量后决定由一位善于谈话的公关部李小姐去和何夫人谈谈。李小姐敲开了何夫人的房门，说："您好！您是何夫人吗？""是啊！您是谁？"李小姐回答说："我是公关部的，您来几天了，我们还没有来得及看您，真是不好意思。听说您前几天不舒服，现在好点了吗？""谢谢您的关心，好多了。""听说您昨天已经结账，今天没有走成，这几天天气不好，是不是飞机取消了？您看我们能为您做点儿什么？""非常感谢！昨晚结账是因为我的朋友今天要返回，我不想账积得太多，先结一次也好，大夫说，我的病还需要观察一段时间。""何夫人，您不要客气，有什么事只管吩咐好了。""谢谢！有事我一定找你们。"

　　我们看，李小姐去找何夫人谈话，目的是要弄清楚到底是走还是不走；如果不走，就要弄清楚原因。但这个问题不好开口，弄不好既得罪何夫人，又得罪经理。李小姐的话说得非常圆润，先是寒暄一下，然后又问何夫人需要什么帮助，一副非常关心的表情，而使何夫人深受感动，不知不觉中就说明了原因。可是，如果李小姐直接问何夫人店费的问题，就有可能伤了何夫人自尊心，以致无意中也得罪了经理。

英国思想家培根说过："交谈时的含蓄与得体，比口若悬河更可贵。"在言谈中，委婉含蓄的话语比直截了当的说话表达效果会更佳，但也更需要女性朋友多动脑筋。委婉是一种语言修养，也是一个人智慧的表现。

005 报告职场坏消息

请你先回想一下，当你需要向别人传递一个不幸的消息时，你通常会怎么说呢？不同的表达方式，常常会带来不同的后果。

晓瑜的上司正在办公室会见一位重要客户，而此时，晓瑜突然接到一个大客户要撤销供货的通知，晓瑜知道，这给公司带来的经济损失根本没法用钱来衡量。她放下电话慌慌张张地跑进了上司的办公室，无比沮丧地说："张经理，出大事了，王总撤销供货了！"而张经理没等晓瑜再往下说，就对晓瑜大发雷霆，最后晓瑜委屈地和同事说："到底应怎样报告呢？"

假如你就是那位上司，当时正与一位重要客户联络感情，宾主尽欢之际，突然冲进来这样一位员工，气喘吁吁地告诉你这样一个消息，你立在当下，有何感想？

也许你在还没有被这个坏消息震惊前，先被这位员工的举止惹恼了。得承认，不是你修养不够，实在是这位员工行事太没眼色，太不会说话办事了。

向领导汇报时要切记四个字："不讲困难。"据传说，古代信使如连续报来前线战败的消息，就有被砍头的危险。老板每天都面对复杂多变的内外部环境，要比员工遭遇更多的难题，承受更大的压力。将矛盾上缴或报告坏消息，会使老板的情绪变得更糟，还很有可能给他留下"添乱、出难题、工作能力差"的负面印象。

那么，在得知坏消息的时候，你应该怎么办呢？首先，让自己从震惊中迅速脱离出来，尽量将情绪放平稳。然后走进领导办公室，如果他正在会见重要客户，请等待！你们已经失去了一个客户，不能再失去下一个。等客户离开后，你要用从容不迫的语气说："我们似乎遇到一些情况……"不要用"麻烦"或"问题"这样的字眼，在没搞清楚事情的原因前，尽量缩小事情的危害程度，要让领导觉得事情是能够解决的。只有树立了解决的信心，才会往那方面去努力。因此，你报告坏消息的言辞和方式会给事情的最终结果带去很大影响。

建材公司的周莉从一个客户那里考察回来后，敲响了主任办公室的门。

"情况怎样？"主任劈头就向周莉问道。

周莉坐定后，并不急于回答主任的问话，显得有些心事重重的样子。

因为她十分了解主任的脾气，如果直接将不利的情况汇报给他，主任肯定不高兴，搞不好还会认为自己工作不力。主任见周莉的样子，已经猜出了肯定是对公司不利的情况，于是改用了另一种方式问道："情况糟到什么程度，有没有挽救的可能？"

"有！"周莉回答得十分干脆。

"那谈谈你的看法吧！"

周莉这才把她考察到的情况汇报给主任："我这次下去了解到，这个客户之所以不用我们厂的产品，主要是因为他们已经答应从另一个乡镇建材厂进货。"

"竟有这样的事！那你怎么看呢？"

"我想是这样的：我们公司的产品应该比乡镇企业的产品有优势，我们的产品不但质量好而且价格很公道，在该省已经具有了一定的知名度。"

"就是，一个小小的乡镇企业怎么能和我们相比呢？"主任打断了周莉的汇报。

"所以说，我们肯定能变不利为有利。最重要的是，当地的建筑公司多年来使用我们公司的建材，我们有很好的合作基础，这是我们的优势所在。但该客户答应向那个乡镇企业订货，主要是因为那个乡镇企业距离他们较近，而且可以送货上门。这一点，我们不如那家乡镇企业，我们可以直接到每个乡镇去走访，在每个乡镇找一个代理商，这样问题就解决了。"

"小周，你想得真周到，不但找到了症结所在，还想出了解决的办法，要是公司里的员工都像你这样有责任心就好了。"

"主任过奖了，为公司分忧，是我的责任。主任您工作忙，我就不打扰您了。"

不久，周莉被调到了销售科，专门从事产品营销，公司的建材销量节节上升，周莉也越来越受到重视，很快成了公司的骨干。

有人说，好的上司最痛恨两种人，一种是整天只会讨好的马屁精；另一种则更被他所痛恨，那就是只会将问题丢给上司的下属。

所以，当你有坏消息要向老板汇报时，能否以你的能力所及，考虑一下解决麻烦的相应对策？以你自己对公司的了解，以及对目前情况的分析，怎样处理这个问题最好？这样就可以在说出坏消息的同时，给领导提供一套可行的处理方案，或提供一些有利于解决问题的可靠信息。如果正好你是这方面的专家，那就更是责无旁贷了。你有责任向领导提供可行的解决问题的步骤，不要忘了让领导知道，有些地方你非常需要他的帮忙，没有他的支持这件事绝对搞不定。

另外，职场女性在报告坏消息时，一定要把握开口的时机与场合。如果你所得知的坏消息不是很重要，不需要马上让上司知道，那么就选择一个合适的时机。最好是没有其他人在场，试着把坏话说好、急话说缓，委婉地表述，让上司有个心理准备。

006 如何说出动听逐客令

有朋自远方来，促膝长谈，交流思想，增进友谊，这是人生的一大乐事。然而，现实生活中也有与此截然相反的情况出现。星期天，你希望能静下心来看看书或做点家务事，但总有些不请自来的"聊天大王"来打扰你的清静。她可能会絮絮叨叨，没完没了，一再重复你毫无兴趣的话题，越说越起劲。你勉强敷衍，却又焦急万分，想下逐客令却担心伤了和气，常常是难以启齿，左右为难。

但是，如果你经常这样委屈自己"舍命陪君子"，你的时间就会被别人这样无情地浪费掉。你原本的计划也会被打乱。鲁迅说过："无端地空耗别人的时间，无异于谋财害命。"你一定不愿意看到别人对你这样"谋财害命"，那么聪明的女性朋友该怎么办呢？

下班后小姜到领导家继续汇报工作，领导夫人热情招待，很有礼貌地端果倒茶。小姜在办完事后，竟然在领导家与领导高谈阔论起来。天色已经很晚了，领导的孩子明天还要上学，需要早点休息，领导夫人也很疲倦了。但是，小姜此时说得正来劲儿，也不好直接请小姜出门，怎么办呢？

领导夫人便到厨房收拾了一下家务，然后回到房间对丈夫说："人家这么晚来找你，你快点儿给人家想个办法，别让人家总这样等着。"然后又对小姜说："您再喝杯茶吧。"小姜听出了领导夫人的弦外之音，马上知趣地起身告辞了。

领导夫人的"逐客令"可谓充满人情味。女性若用委婉的语言来提醒、暗示滔滔不绝的客人，既不挫说话者的自尊心，又能让其知趣，可谓两全其美，这种方法更容易让对方接受。

用委婉的语言下逐客令，跟冷酷无情的逐客令相比，这种方法容易被对方接受。例如："今晚我有闲，咱们好好畅谈。但从明天开始我就要全力以赴写职评小结，争取这次能评上工程师。"这两句话的意思是：请您从明天起不要再来打扰我了。"今晚我有闲，咱们好好畅谈"只是表达对客人的一点礼貌，是软拒先纳的一种方法。又如："最近我女儿要考学，学习时间很紧，吃过晚饭就得复习，咱们是否说话得轻一点儿？"此话虽然用的是商量口气，但又传递信息十分明确。

委婉拒绝，是一种艺术。同样的意思，换一个角度，委婉含蓄地把话说出来，会让听者觉得受用，同时，在一定程度上顾全了被拒绝者的自尊心。

在拒绝的过程中，除了技巧，更需要的还是发自内心的耐性与关怀。若只是敷衍了事，对方是可以感受得到的。但以热代冷，既不失礼，又能达到"逐客"的目的，效果之好不言自明。用热情的语言和周到的招待来代替冷若冰霜的表情，把"逐客令"说得美妙动听，这样才能两全其美。